Uni-Taschenbücher 507

# UTB

Eine Arbeitsgemeinschaft der Verlage

Birkhäuser Verlag Basel und Stuttgart
Wilhelm Fink Verlag München
Gustav Fischer Verlag Stuttgart
Francke Verlag München
Paul Haupt Verlag Bern und Stuttgart
Dr. Alfred Hüthig Verlag Heidelberg
J.C.B. Mohr (Paul Siebeck) Tübingen
Quelle & Meyer Heidelberg
Ernst Reinhardt Verlag München und Basel
F.K. Schattauer Verlag Stuttgart-New York
Ferdinand Schöningh Verlag Paderborn
Dr. Dietrich Steinkopff Verlag Darmstadt
Eugen Ulmer Verlag Stuttgart
Vandenhoeck & Ruprecht in Göttingen und Zürich
Verlag Dokumentation München-Pullach

Karl Heinz Bässler
Konrad Lang

# Vitamine

**Eine Einführung für Studierende
der Medizin, Biologie, Chemie, Pharmazie
und Ernährungswissenschaft**

Mit 12 Abbildungen, 28 Schemata
und 18 Tabellen

Springer-Verlag Berlin Heidelberg GmbH

Prof. Dr. med. *Karl Heinz Bässler,* geboren am 15. Januar 1924 in Memmingen, studierte Medizin an der Universität München. 1950 Medizinisches Staatsexamen und Promotion zum Dr. med. in München. 1951/52 als Stipendiat der Deutschen Forschungsgemeinschaft am Physiologisch-chemischen Institut der Universität Mainz bei Prof. Dr. Dr. *Konrad Lang,* 1953/54 Assistent an der Medizinischen Poliklinik der Universität Marburg. Im Anschluß daran Rückkehr an das Physiologisch-chemische Institut in Mainz. Dort 1957 Habilitation für Physiologische Chemie. 1958/59 als *Fulbright*-Stipendiat am Institute for Enzyme Research in Madison/Wisconsin, USA. 1971 Ernennung zum ordentlichen Professor und Berufung auf den 2. Lehrstuhl für Physiologische Chemie an der Universität Mainz. Forschungsschwerpunkte: Stoffwechsel von Kohlenhydraten, Polyalkoholen und Fetten, biochemische Grundlagen der Parenteralen Ernährung. Mitherausgeber der Zeitschrift „Infusionstherapie und klinische Ernährung" und der „Zeitschrift für Ernährungswissenschaft".

Prof. Dr. rer. nat. Dr. med. *Konrad Lang,* geboren am 15. August 1898 in Bruchsal, studierte mit Unterbrechung durch den Kriegsdienst (1916–1919) Naturwissenschaften in Freiburg i.Br. 1923 Promotion zum Dr. rer nat. 1928 Medizinisches Staatsexamen und Promotion zum Dr. med. 1929–1936 Sekundärarzt und Leiter des Labors der Städtischen Krankenanstalten Kiel. 1936 Habilitation in Kiel. 1936–1944 Leiter des Physiologisch-Chemischen Instituts der damaligen Militärärztlichen Akademie in Berlin. 1942 a.o. Professor für Physiologische Chemie. 1944 Berufung auf das Ordinariat für Physiologische Chemie an der damaligen Reichsuniversität Posen. 1945–1946 kommissarische Verwaltung des Lehrstuhls für Physiologische Chemie in Heidelberg. 1946 bis 1966 Direktor des Physiologisch-Chemischen Institutes der wieder begründeten Universität Mainz. Gegenwärtiger Wohnsitz: Bad Krozingen. Mitherausgeber des mehrbändigen Lehrbuches der Physiologie in Einzeldarstellungen von *W. Trendelenburg* und *E. Schütz* und des mehrbändigen Handbuches der physiologisch- und pathologisch-chemischen Analyse *(Hoppe-Seyler/Thierfelder).* Edition mehrerer Bände der Reihe „Anaesthesiology and Resuscitation", Herausgeber der Reihe „Current Topics in Nutritional Sciences" (innerhalb deren sein Handbuch über die Biochemie der Ernährung in 3 Auflagen erschien), Begründer der „Wissenschaftlichen Veröffentlichungen der Deutschen Gesellschaft für Ernährung", Herausgeber der internationalen „Zeitschrift für Ernährungswissenschaft" und ihrer Supplementa.

CIP-Kurztitelaufnahme der Deutschen Bibliothek
**Bässler, Karl Heinz / Lang, Konrad**
Vitamine
(Uni-Taschenbücher 507)
ISBN 978-3-7985-0431-8

© 1975 by Springer-Verlag Berlin Heidelberg
Ursprünglich erschienen bei Dr. Dietrich Steinkopff Verlag, Darmstadt 1975

ISBN 978-3-7985-0431-8     ISBN 978-3-662-30761-8 (eBook)
DOI 10.1007/978-3-662-30761-8

Einbandgestaltung: Alfred Krugmann, Stuttgart

## Vorwort

Vitamine sind hochwirksame Substanzen, die nicht nur eine Bedeutung für die Ernährung haben, sondern auch wegen ihrer vielfachen biochemischen und physiologischen Wirkung für Biochemiker, Physiologen und Pharmakologen von Interesse sind. Vielfach wird übersehen, daß pharmakologische Wirkungen hoher Dosen von Vitaminen zumeist wenig mit ihren physiologischen Aufgaben und dem tatsächlichen Vitaminbedarf zu tun haben. Unverbindliche, allgemeine, aber viel gebrauchte Redewendungen wie „Leistungssteigerung" und Ähnliches sind eher als Ausdruck einer Placebo-Wirkung zu werten. Der eigentliche Vitaminbedarf ist häufig nicht leicht zu bestimmen, da er stark von der Gültigkeit der angelegten Parameter und verwendeten Methoden abhängig ist.

Wir haben uns bemüht, in dem vorliegenden Taschenbuch die großen Linien des gesicherten Tatsachenmaterials für einen Leserkreis darzustellen, der eine etwas über dem Umfang der üblichen Lehrbücher hinausgehende Information über die Vitamine und ihre Wirkungen sucht. Insbesondere hoffen wir, daß auch der Medizinstudent dieses kleine Werk als Ergänzung zu seinen Lehrbüchern benützt.

Mainz, Sommer 1975
*K.H. Bässler*
*K. Lang*

# Inhalt

# Abkürzungen

| | |
|---|---|
| ADP | Adenosindiphosphat |
| AMP | Adenosinmonophosphat |
| ATP | Adenosintriphosphat |
| CoA | Coenzym A |
| EEG | Elektroencephalogramm |
| FAD | Flavinadenindinucleotid |
| FAO | Food and Agriculture Organization |
| FMN | Flavin-mononucleotid |
| G-S-S-G | oxidiertes Glutathion |
| GSH | reduziertes Glutathion |
| IE | internationale Einheit |
| MG | Molgewicht |
| NAD | Nicotinamid-adenin-dinucleotid |
| NADP | Nicotinamid-adenin-dinucleotid-phosphat |
| PP | Pyrophosphat |
| ppm | parts per million, entspr. ng/kg |
| t/2 | biologische Halbwertszeit |
| WHO | World Health Organization |

# 1. Allgemeines

Vitamine sind organische Verbindungen, die vom Organismus für bestimmte lebenswichtige Funktionen benötigt werden, jedoch im Stoffwechsel nicht oder nicht in genügendem Umfang hergestellt werden können. Deshalb müssen sie regelmäßig mit der Nahrung zugeführt werden, entweder als fertige Vitamine oder als Provitamine, die leicht in die entsprechenden Vitamine umgewandelt werden können. Da Vitamine weder als Energielieferanten, noch als Baumaterial für Körpersubstanz eine Rolle spielen, sondern im wesentlichen an katalytischen oder steuernden Funktionen beteiligt sind, werden – im Vergleich zu den Nährstoffen – außerordentliche geringe Mengen benötigt. Vitamine sind durch ihre Wirkung definiert. Chemisch gehören sie zu den verschiedensten Stoffgruppen. Die Bezeichnung ist historisch bedingt: Als *Funk* 1911 aus Reiskleie eine stickstoffhaltige Substanz in kristalliner Form isolierte, die gegen Beri-Beri wirksam war, prägte er den Ausdruck *„Vitamin"*. Auch die Bezeichnung der Vitamine mit Buchstaben geht auf die Zeit zurück, als die chemische Konstitution der Vitamine noch unbekannt war.

Heute sollten die Regeln der IUPAC für die Nomenklatur der Vitamine beachtet werden, die in Tab. 1 wiedergegeben sind.

Tab. 1    *Nomenklatur der Vitamine* (Biochim. Biophys. Acta **107**, 1, 5, 11 (1965))

| Nomenklatur der Internationalen Union für reine und angewandte Chemie (IUPAC) | Gegenwärtig noch übliche Nomenklatur | Zu vermeidende Namen |
|---|---|---|
| Retinol | Vitamin A-Alkohol | |
| Retinal | Vitamin A-Aldehyd | |
| Retinsäure | Vitamin A-Säure | |
| Ergocalciferol | Vitamin $D_2$ | Antirachitisches |
| Cholecalciferol | Vitamin $D_3$ | Vitamin |
| Tocopherole | Vitamin E | Antisterilitäts-Vitamin |
| Phyllochinon | Vitamin K | Antihämorrhagisches Vitamin |
| Thiamin | Vitamin $B_1$ | Aneurin |
| Riboflavin | Vitamin $B_2$ | Lactoflavin |
| Niacin | Nicotinsäure | PP-Vitamin |
| | Nicotinsäureamid | PP-Faktor |
| | Nicotinamid | |
| Pyridoxol | Vitamin $B_6$, Pyridoxin | |
| Pyridoxal | | |
| Pyridoxamin | | |
| Pantothensäure | Pantothensäure | |
| Biotin | Biotin | Vitamin H |
| myo-Inosit | Inosit, Meso-Inosit | |

| | | |
|---|---|---|
| Cholin | Cholin | |
| p-Aminobenzoesäure | p-Aminobenzoesäure | |
| Folsäure | Folsäure, Pteroylglutamin-säure | |
| Cobalamine | Vitamin $B_{12}$ | |
| Ascorbinsäure | Vitamin C | Antiscorbutisches Vitamin |

Ein allgemeines und unspezifisches Vitaminmangelsymptom ist die Wachstumshemmung bei jungen wachsenden Tieren, die man bei jedem Mangel an irgendeinem essentiellen Nahrungsfaktor findet. Die speziellen Mangelsymptome hängen mit der spezifischen Funktion des jeweiligen Vitamins zusammen.

Der Grund für die Unentbehrlichkeit der Vitamine liegt darin, daß im Laufe der Evolution die Biosynthesekette für diese Stoffe durch Defektmutationen unterbrochen worden ist. So ist es auch zu verstehen, daß hinsichtlich des Vitamincharakters dieser Verbindungen Speciesunterschiede bestehen, z.B. ist Ascorbinsäure nur für den Menschen und wenige andere Species ein Vitamin.

Es ist ferner zu verstehen, daß die Produzenten für Vitamine im wesentlichen niedere Lebewesen sind: Pflanzen und Mikroorganismen. Für den Menschen sind die wichtigsten Vitaminquellen:

1. Pflanzen
2. Tierische Nahrungsmittel (Fleisch, Fett, Innereien). Hier finden sich die Vitamine entweder gespeichert, oder eingebaut in Coenzyme, aus denen sie bei der Verdauung wieder freigesetzt werden. In den Tierorganismus gelangen die Vitamine auf dem Weg über pflanzliche Nahrung oder Mikroorganismen.
3. Mikroorganismen des Darms.

Die Frage ob der Wirt der Darmbakterien aus deren Vitaminsynthese Nutzen ziehen kann, hängt einmal von der produzierten Menge ab und zum anderen davon, ob die Synthese in einem Darmabschnitt erfolgt, in dem noch eine effektive Resorption erfolgt. Wiederkäuer sind aufgrund ihrer Pansenbakterien von der exogenen Zufuhr an B-Vitaminen praktisch unabhängig. Auch Pflanzenfresser mit großem Coecum können in erheblichem Umfang von der bakteriellen Vitaminsynthese profitieren. Andere Pflanzenfresser verbessern ihre Vitaminversorgung durch Koprophagie.

In welchem Umfang die Darmflora zur Vitaminversorgung des Menschen beiträgt, ist nicht genau bekannt. Da erst tiefere Darmabschnitte bakteriell besiedelt sind, ergeben sich ungünstige Resorptionsverhältnisse. Sicherlich liefert die Vitaminproduktion durch die Darmflora auch beim Menschen einen gewissen Beitrag zur Vitaminversorgung, aber nur bei Biotin und Vitamin K ist das Ausmaß so, daß unter normalen Bedingungen keine Abhängigkeit von exogener Zufuhr besteht. Immerhin aber führt eine Zerstörung der Darmflora für viele Vitamine zu einem höheren exogenen Bedarf.

Die wichtigsten Ursachen für Avitaminosen sind beim Menschen:

1. Alimentärer Vitaminmangel:
   Dies kann durch Unterernährung, einseitige Ernährung oder Zerstörung von Vitaminen bei falscher Nahrungszubereitung bedingt sein.
2. Störung der Darmflora:
   z.B. Therapie mit Antibiotica
3. Störung der Resorption:
   Resektionen, chronische Durchfälle, Atrophie der Darmschleimhaut, Malabsorptionssyndrome. Spezieller Fall: Fehlen des intrinsic factor für die Resorption von Vitamin $B_{12}$.

Über den Vitamingehalt von Nahrungsmitteln kann man sich anhand von Tabellen orientieren. Bei Zubereitung, Lagerung oder Konservierung kommt es zu Verlusten durch die verschiedensten äußeren Einwirkungen, deren Ausmaß für die einzelnen Vitamine recht unterschiedlich sein kann. Einen Überblick über die Empfindlichkeit der Vitamine und über mögliche Verluste gibt Tab. 2:

Tab. 2    Beständigkeit der Vitamine gegen äußere Einflüsse

| Vitamine | Säure | Alkali | $O_2$ | Licht | Hitze | Verluste in % beim Kochen der Speisen |
|---|---|---|---|---|---|---|
| Vitamin A | − | − | ++ | ++ | − | 10−30 |
| Vitamin D | − | + | ++ | + | − | gering |
| Vitamin E | − | − | ++ | + | − | 50 |
| Vitamin K | − | + | − | ++ | − | |
| Thiamin | − | ++ | + | − | ++ | 30−50 |
| Riboflavin | − | + | − | ++ | + | 0−50 |
| Niacin | − | − | − | − | − | 0−30 |
| $B_6$-Gruppe | − | − | − | ++ | + | ~20 |
| Pantothensäure | + | + | − | − | ++ | 0−45 |
| Biotin | − | − | − | − | − | 0−70 |
| Folsäure-Gruppe | − | − | − | + | ++ | 0−90 |
| Cobalamin | − | − | + | + | − | |
| Ascorbinsäure | − | ++ | + | + | + | 20−80 |

− = beständig; + = labil; ++ = besonders labil

Kochverluste sind nicht nur auf die Hitzeeinwirkung, sondern auch auf die Extraktion ins Kochwasser zurückzuführen. Hier kann die Mitverwendung des Kochwasser bei der Speisezubereitung nützlich sein.

Vitaminverluste bei der Lagerung von Früchten und Gemüsen kommen durch enzymatischen Abbau zustande. Dies trifft besonders für

Acorbinsäure zu. Solche enzymatischen Abbauvorgänge können durch Tiefgefrieren (Aufbewahrung bei mindestens −18 °C) verhindert oder verlangsamt werden.

Zum Nachweis von Vitaminen können physikalisch-chemische Methoden (z.B. Lichtabsorption, optische Aktivität), chemische Methoden, biologische Methoden (kurative Tests im Hinblick auf bestimmte Mangelsymptome) und mikrobiologische Methoden (Gärung, Wachstum u.a.) herangezogen werden. Fragen der Empfindlichkeit und der Spezifität sind hier jeweils abzuwägen. Da es sich bei Vitaminbestimmungen vielfach um recht komplizierte Verfahren handelt, sollen Nachweisreaktionen in diesem Buch nicht näher behandelt werden. Hierzu sei auf entsprechende Fachliteratur verwiesen (1, 2). Auf den Nachweis mit biologischen Methoden zu einer Zeit als die chemische Konstitution vieler Vitamine noch nicht bekannt war, gehen die Mengenangaben in „biologischen Einheiten" zurück, die untereinander nicht vergleichbar sind, da sie sich jeweils auf eine bestimmte Wirkung im Tierversuch beziehen. Sie können und sollen heute durch Gewichtseinheiten ersetzt werden.

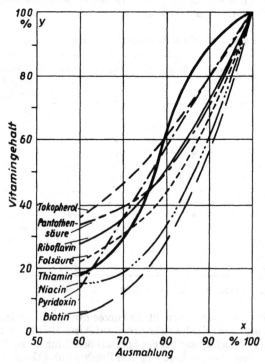

Abb. 1    Erläuterung im Text

Ausgeprägte Vitaminmangelzustände sind — abgesehen von der Rachitis — in Europa selten geworden. Dagegen muß mit latentem Mangel im Grenzbereich zwischen voller Deckung des Bedarfs und Auftreten handfester Mangelsymptome wohl häufiger gerechnet werden, wenngleich solche Zustände schwer zu erfassen sind. Beispielsweise kann die Entwicklung bestimmter Ernährungsgewohnheiten gerade in den hochzivilisierten Ländern zu Engpässen in der Vitaminversorgung führen. So ist die gegenwärtige knappe Versorgung mit Thiamin bedingt durch die zunehmende Bevorzugung raffinierter Kohlenhydrate und niedriger ausgemahlener Mehlsorten. Abb. 1 zeigt, welche Auswirkung die Tendenz zur Verwendung hellerer, niedriger ausgemahlener Mehle auf die Vitaminversorgung haben muß (3).

Helle Mehle entstehen durch vielfaches Absieben und Abschichten des Mahlgutes, wobei der besonders vitaminhaltige Keim und die ebenfalls vitaminreiche Aleuronschicht entfernt werden*).

Dies hat zu Überlegungen Anlaß gegeben, ob nicht die hellen Mehle durch Zusatz von Vitaminen auf einen höheren Vitamingehalt gebracht werden sollten. Der Nutzen einer solchen Mehlvitaminierung ließ sich sowohl im Tierversuch als auch durch Untersuchungen am Menschen durch Beobachtung größerer geschlossener Populationen unter Beweis stellen. Deshalb ist man in vielen Staaten, teils durch gesetzliche Regelung, teils auf freiwilliger Basis, dazu übergegangen, die hellen Mehle mit Thiamin, zum Teil auch noch mit anderen B-Vitaminen (insbesondere mit Riboflavin und Nicotinsäure) anzureichern (Übersicht bei 4).

Bei einer Ernährung, die dem heutigen geringen Energiebedarf angepaßt ist, erfordert die ausreichende Versorgung mit Vitaminen gewisse Grundkenntnisse über die richtige Nahrungszusammenstellung, denn der Vitaminbedarf nimmt keineswegs entsprechend dem Energiebedarf ab. Bei Abmagerungsdiäten mit täglich 1200 kcal oder weniger kann eine ausreichende Vitaminversorgung nur durch zusätzliche Anwendung von Vitaminpräparaten gesichert werden.

*Einteilung der Vitamine*
Man teilt die Vitamine in 2 Gruppen ein:

*Wasserlösliche Vitamine*
Thiamin (Vitamin $B_1$)
Riboflavin (Vitamin $B_2$)
Nicotinsäure und Nicotinamid

---

*) 100% ausgemahlenes Mehl ergibt Vollkornbrot. Heute werden überwiegend 70—75% ausgemahlene Mehle verwendet, d.h. 100 kg Getreide ergeben 70—75 kg Mehl.

Biotin
Pyridoxol-Gruppe (Vitamin $B_6$, Pyridoxin)
Pantothensäure
Folsäure-Gruppe
Cobalamine (Vitamin $B_{12}$)

Ascorbinsäure (Vitamin C)

*Fettlösliche Vitamine*
Retinol (Vitamin A)
Calciferole (Vitamin D)
Tokopherole (Vitamin E)
Phyllochinon und Menachinon (Vitamine $K_1$ und $K_2$)

Dieses Einteilungskriterium erscheint recht oberflächlich, aber
gerade Lösungseigenschaften haben Einfluß auf eine Reihe von biologischen Eigenschaften, welche insbesondere Resorption, Transport,
Speicherung und Ausscheidung betreffen. Wasserlösliche Vitamine
können nicht gespeichert werden; hier begrenzt im wesentlichen die
Menge an Apoenzymen die im Körper retinierbare Menge und über-
schüssige Zufuhr führt zur Ausscheidung im Harn. Fettlösliche Vitamine können gespeichert werden und die Ausscheidung überschüssiger
Mengen ist in größerem Umfang nur möglich, wenn sie im Stoffwechsel
in exkretionsfähige Produkte umgewandelt worden sind. Bei über-
mäßiger Zufuhr kann es daher zu Hypervitaminosen kommen (A und
D).

Die Gruppe der sogenannten B-Vitamine kann man von den übrigen
Vitaminen klar abgrenzen:
1. B-Vitamine werden im Gegensatz zu anderen Vitaminen in jeder
   lebenden Zelle benötigt. Ein Unterschied besteht nur darin, daß
   sie nicht von allen Lebewesen hergestellt werden können.
2. Sie haben in allen diesen Zellen die gleiche Funktion: Bausteine
   von Coenzymen.

*Antivitamine oder Vitamin-Antagonisten*
Antivitamine sind Verbindungen, die aufgrund ihrer strukturellen
Ähnlichkeit ein Vitamin von seinem Wirkort verdrängen können. Sie
wirken also nach dem Prinzip der kompetitiven Hemmung. Sie spielen
in der Forschung eine Rolle zur Erzeugung definierter Vitaminmangel-
zustände und haben vereinzelt therapeutische Bedeutung erlangt (z.B.
Folsäure-Antagonisten als Cytostatica, Vitamin K-Antagonisten als
Anticoagulantien).

*Vitaminbedarf*
Versteht man unter „Bedarf" diejenige Menge, die erforderlich ist
um Mangelerscheinungen zu vermeiden, so lassen sich feste Zahlen
nicht angeben, weil erhebliche Unterschiede zwischen Individuen und

eine starke Abhängigkeit von der biologischen Situation (z.B. Krankheit, Streß u.a.) besteht.

Weiterhin hängt der Bedarf in starkem Maß von den Kriterien ab, die man für seinen Nachweis anwendet. Ein Beispiel dafür geben die Zahlen in Tab. 3 für den Ascorbinsäurebedarf von Meerschweinchen.

Tab. 3    Der Ascorbinsäurebedarf von Meerschweinchen in Abhängigkeit vom Kriterium (5)

| Kriterium | Tagesbedarf mg |
|-----------|----------------|
| Plasmaphosphatase | 0,23 |
| Wachstum | 0,4–2,0 |
| Scorbut, makroskopische Symptome | 0,5 |
| Scorbut, mikroskopische Symptome | 1,3–2,5 |
| Odontoblastenwachstum | 2 |
| Wundheilung | 2 |
| Knochenwachstum | 2 |
| Fortpflanzung | 2–5 |
| Lebensdauer | 5 |
| Sättigung der Gewebe | 25–50 und mehr |

Tiere von 250–350 g Gewicht

Im Zusammenhang mit Empfehlungen über die Nahrungszufuhr wäre es daher nicht sinnvoll von „Bedarf" zu sprechen. Man gibt vielmehr die „wünschenswerte Zufuhr" (im Englischen: „recommended dietary allowance") an. In dieser Menge steckt eine ausreichende Sicherheitsspanne um eine genügende Zufuhr unter allen Umständen zu gewährleisten.

*Therapeutische Anwendung von Vitaminen*

Mit Vitaminen kann man Vitaminmangelzustände beheben. Einzelne Symptome, die bei Vitaminmangelzuständen auftreten, können auch durch ganz andere Ursachen ausgelöst werden. Dann ist ihre Behandlung mit Vitaminen nicht angezeigt. Beispielsweise darf man aus der Tatsache, daß man mit Thiamingaben eine durch Thiaminmangel hervorgerufene Neuritis heilen kann, nicht schließen, daß Thiamin auch zur Behandlung von Neuritiden anderer Genese geeignet sei. Das gilt sinngemäß für andere Vitamine und Symptome. So selbstverständlich dies scheint, so häufig wird gegen dieses Prinzip verstoßen. Indikationslisten auf Vitaminpräparaten spiegeln häufig Inhaltsverzeichnisse medizinischer Lehrbücher wieder. Viele der angeführten Wirkungen sind niemals mit pharmakologisch einwandfreien Methoden oder gar in Doppelblindstudien nachgewiesen worden. Sicher können Vitamine in hohen Dosen auch pharmakodynamische Effekte zeigen, die mit der

7

eigentlichen Vitaminwirkung nichts zu tun haben; ein Beispiel ist die Senkung der Blut-Cholesterinwerte durch Dosen von Nicotinsäure, die um den Faktor 200 über der physiologischen Zufuhr liegen. Hier sollten aber im Hinblick auf Wirksamkeit und Unschädlichkeit die gleichen Maßstäbe wie bei anderen Arzneimitteln angelegt werden. Immerhin sind bei intravenöser Injektion von Thiamin, das für die Behandlung von Neuralgien teilweise empfohlen wird, Ganglienblockaden mit gelegentlich tödlichem Ausgang beschrieben worden. Weitere Verwirrungen in Indikationslisten werden dadurch hervorgerufen, daß Speciesunterschiede bei Vitaminmangelerscheinungen vernachlässigt und Ergebnisse aus Tierversuchen kritiklos auf den Menschen übertragen werden. Dies trifft beispielsweise zu, wenn Tokopherol als „Fruchtbarkeits-Vitamin" für den Menschen bezeichnet wird.

Solange über die Vitaminwirkung hinausgehende Effekte nicht einwandfrei nachgewiesen sind, sollte man davon ausgehen, Vitamine nur zur Behandlung oder Verhütung von Vitaminmangelzuständen zu verwenden. Darüberhinaus kann sie der Arzt als Placebo zu einer − allerdings oft kostspieligen − Suggestivbehandlung einsetzen.

# 2. Die fettlöslichen Vitamine

## 2.1.  Vitamin A

Vitamin A wird im tierischen Organismus aus Carotinoiden einer bestimmten Struktur − Provitaminen − gebildet. Carotinoide sind in der Pflanzenwelt und in Mikroorganismen weit verbreitete Substanzen, die auf Grund ihrer zahlreichen konjugierten Doppelbindungen eine gelbe bis rötliche Farbe aufweisen. Man kann sie sich formal als durch Kondensation von 8 Isoprenresten durch Kopf-Kopf- bzw. Kopf-Schwanz- oder Schwanz-Schwanz-Kondensation entstanden denken. Ihre Biosynthese in den Pflanzen bzw. Mikroorganismen erfolgt von der Mevalonsäure ausgehend.

Kopf zu Schwanz            Schwanz zu Schwanz            Kopf zu Kopf

Gegenwärtig sind einige hundert verschiedene Carotinoide bekannt. Man schätzt, daß von der Pflanzenwelt im Jahre etwa 100 Millionen Tonnen Carotinoide produziert werden.   Infolge ihrer Wasserunlöslichkeit finden sich die Carotinoide ausschließlich in den Fettphasen.

Als Provitamin A können im tierischen Organismus nur solche Carotinoide wirken, welche einen β-Iononring enthalten.

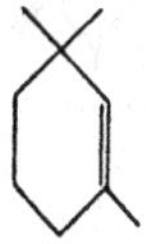

β-Iononring

Die wichtigsten Provitamine A sind α-Carotin, β-Carotin und γ-
Carotin. Weitere Provitamine sind u.a. Kryptoxanthin, Torulin und E-
chinenon. Die genannten Provitamine enthalten in ihrer offenen C-
Atomkette 9 konjugierte Doppelbindungen und zwar in der all-trans-
Form. Da β-Carotin zwei β-Iononringe enthält, ist es als Provitamin
biologisch zweimal so aktiv wie die anderen Provitamine.

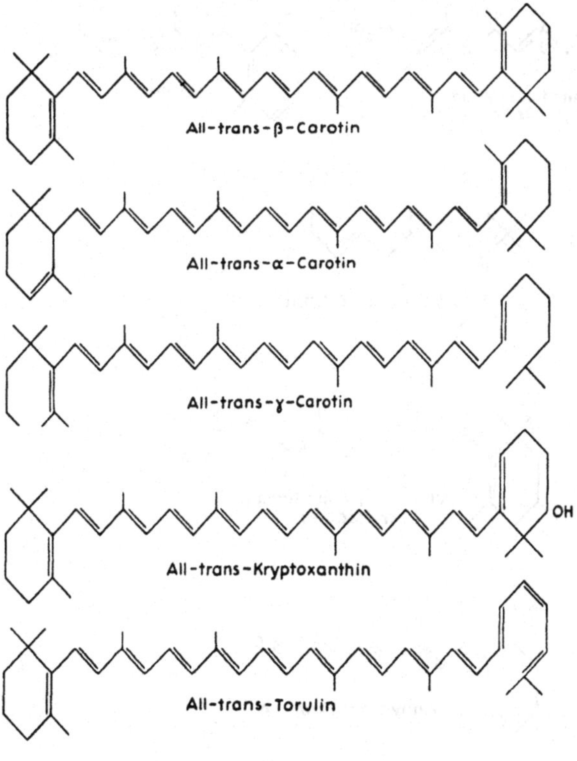

All-trans-β-Carotin

All-trans-α-Carotin

All-trans-γ-Carotin

All-trans-Kryptoxanthin

All-trans-Torulin

9

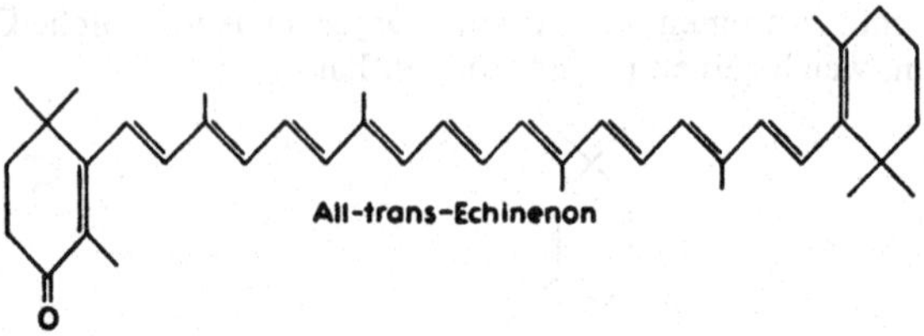

All-trans-Echinenon

Eine internationale Einheit (IE) von Carotin entspricht 0,6 $\mu$g eines Standardpräparates von all-trans-$\beta$-Carotin. Die Festlegung eines allgemein gültigen Umrechnungsfaktors von $\beta$-Carotin in Vitamin A ist unmöglich, da bei der Umwandlung zu viele Faktoren eine Rolle spielen können. Eine IE von Vitamin A entspricht 0,3 $\mu$g Retinol und wird auf 0,344 $\mu$g eines Standardpräparates von Vitamin-A-acetat bezogen.

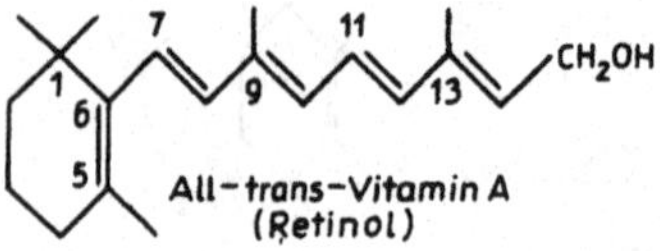

All-trans-Vitamin A
(Retinol)

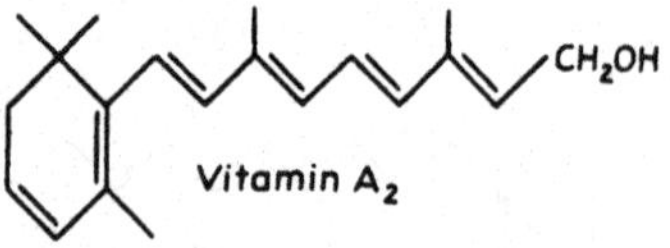

Vitamin A$_2$

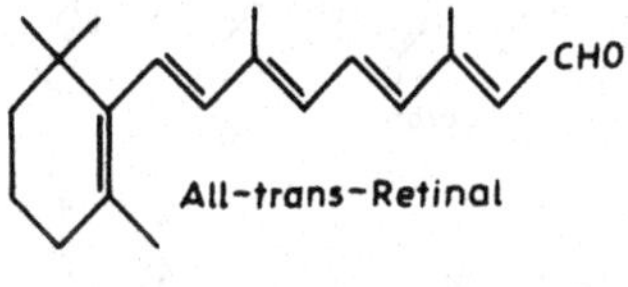

All-trans-Retinal

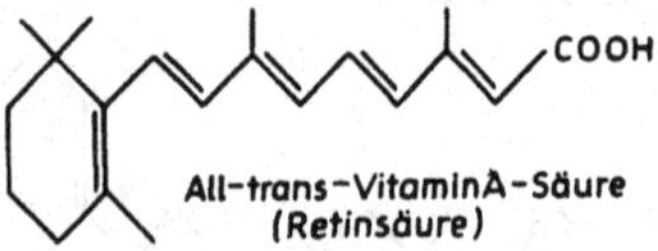

All-trans-VitaminA-Säure
(Retinsäure)

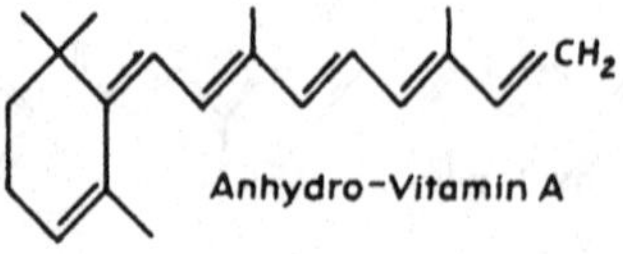

Anhydro-Vitamin A

10

Über die relative Wirksamkeit der wichtigsten Provitamine A orientiert die Tab. 4. Die stereoisomeren Carotine sind biologisch wesentlich schwächer aktiv als ihre all-trans Form.

Tab. 4 Relative Wirksamkeit von Provitamin A im Wachstumstest an der Ratte bezogen auf all-trans-Carotin.

| Substanz | rel. Wirksamkeit |
|---|---|
| all-trans-$\beta$-Carotin | 100 |
| 3-cis-$\beta$-Carotin | 38 |
| all-trans-$\alpha$-Carotin | 53 |
| 3-cis-$\alpha$-Carotin | 11 |
| all-trans-$\gamma$-Carotin | 43 |
| 3-cis-$\gamma$-Carotin | 19 |
| all-trans-Kryptoxanthin | 57 |
| all-trans-Echinenon | 44 |

Die am häufigsten benützte Methode zur biologischen Bestimmung von Vitamin A-aktiven Substanzen ist der Ratten-Wachstumstest. Eben entwöhnte junge Ratten erhalten eine an Vitamin-A-freie Diät. Nach etwa 4—5 Wochen wird ein Wachstumsstillstand erreicht und zumeist wird auch eine beginnende Xerophthalmie beobachtet. Die Tiere erhalten nunmehr abgestufte Dosen der zu testenden Substanzen, bzw. ein Standardpräparat. Nach 3—5 Wochen werden dann die Wachstumskurven mit der Standardkurve verglichen.

Eine andere biologische Bestimmungsmethode ist der kurative Xerophthalmie-Test. Man erzeugt zunächst durch eine Vitamin A-freie Ernährung eine schwerere Xerophthalmie. Dann gibt man den Tieren abgestufte Dosen der zu testenden Substanzen bzw. ein Vitamin-A-Standardpräparat. Verglichen werden die Zeiten, die zur Abheilung der Xerophthalmie benötigt werden.

Die Resorptionsrate des $\beta$-Carotin aus dem Darm beträgt beim Menschen im Mittel etwa 20—35%. In den Mucosazellen wird das Carotin durch die 15,15'-Carotinoid-Dioxygenase gespalten. Die Oxygenase ist auch in der Leber enthalten. Das in den Mucosazellen durch die Wirkung des Enzyms entstandene Retinal wird dann sofort zu Retinol (Vitamin A$_1$) hydriert. Retinylester werden im Darm durch Esterasen gespalten. Das freigesetzte Retinol wird dann in die Mucosazellen aufgenommen. Retinal wird als solches resorbiert und in den Mucosazellen zu Retinol hydriert. Das auf die eine oder andere Weise in die Mucosazellen gelangte Retinol wird in ihnen verestert und zwar vorwiegend mit Palmitinsäure (50—60%), Stearinsäure (20—25%) und Ölsäure (10—20%). Die Retinylester werden dann in den Chylomikronen zur Leber transportiert.

Neben dem geschilderten Weg besteht noch ein weiterer, auf dem β-Carotin in Retinal verwandelt wird. Er führt über die Apocarotenale 8′, 10′, 12′ und 14′ als Zwischenprodukt (Abb. 2). In welchem Umfange dieser zweite Weg beschritten wird, ist gegenwärtig nicht sicher bekannt.

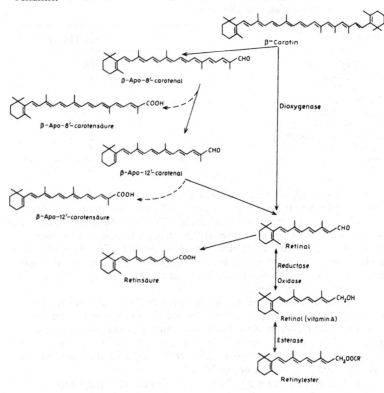

Abb. 2    Spaltung von β-Carotin in den Mucosazellen zu Retinal und Bildung von Retinol.

Die Leber vermag große Mengen Retinol zu speichern. Die höchsten Werte wurden in der Leber von Eisbären gefunden, bei denen 1 g bis zu 18 000 IE Retinol enthalten kann. In größerem Umfange wird nur das all-trans-Retinol gespeichert, bzw. in Form von Retinylestern. Evtl. zugeführte Stereoisomere werden zu der all-trans-Form isomerisiert. Leberöle von Fischen enthalten anstelle des Retinol 3-Dehydroretinol (Vitamin $A_2$).

Im Blut wird Retinol an einem spezifischen Retinol bindenden Protein transportiert, das elektrophoretisch sich wie ein $\alpha_1$-Globulin verhält und ein MG von 21 000 besitzt. Beim Erwachsenen enthält das Plasma in der Norm 40–50 $\mu$g/ml Retinol bindendes Protein. Es zirkuliert im Blut als ein 1:1 Komplex mit einem Präalbumin (MG 56 000). Im Eiweißmangel nimmt der Gehalt des Blutes an dem Retinol bindenden Protein ab. Im Gegensatz zu Retinol wird Retinsäure im Blut an ein Plasma-Albumin gebunden transportiert.

Die Konzentration von Vitamin A im Blutplasma hängt von der Höhe der Zufuhr ab. In der Norm beträgt sie 100–200 IE/100 ml. Beim Absinken der Werte auf 50 IE/100 ml werden die ersten Anzeichen einer beginnenden Hemeralopie festgestellt. Der Gehalt des Blutes an Carotin ist kein Maßstab für die Versorgung mit Vitamin A. Im Allgemeinen beträgt die Konzentration 50–300 $\mu$g/100 ml.

Der Abbau von Retinol bzw. Retinal vollzieht sich über die Retinsäure. Die Oxydation zur Retinsäure ist ireversibel, Retinsäure ist daher in manchen Bereichen (z.B. Beteiligung beim Sehprozeß) als Vitamin inaktiv.

$$\text{Retinol} \underset{\text{Dehydrogenase}}{\overset{\text{Alkohol-}}{\rightleftharpoons}} \text{Retinal} \underset{\text{Oxidase}}{\overset{\text{Aldehyd-}}{\longrightarrow}} \text{Retinsäure}$$

Retinsäure wird z.T. in Form von $\beta$-Retinoylglucuronid durch die Galle ausgeschieden, zum Teil durch Decarboxylierungen tiefer abgebaut. Die Abbauwege sind aber noch weitgehend unbekannt.

3-Dehydroretinol kann Retinol als Vitamin in allen Bereichen ersetzen. Seine biol. Aktivität – bezogen auf $\beta$-Carotin – beträgt rund 80%. Es wird über Retinal$_2$ zu 3-Dehydroretinsäure oxydiert. Diese ist wie Retinsäure bzgl. Wachstum wirksam, aber im Bereich des Sehens und der Fortpflanzung unwirksam.

Das Vitamin A entfaltet im Organismus eine Reihe voneinander unabhängigen Wirkungen.

1. Seine Beteiligung bei den Sehprozessen ist die gegenwärtig in ihren Zusammenhängen am besten übersehbare Funktion. Die Netzhaut der meisten Wirbeltiere enthält 2 Arten von Lichtrezeptoren: die Stäbchen und die Zapfen. Erstere vermitteln das Sehen bei großen Lichtintensitäten und das Farbensehen, letztere das Sehen bei geringen Lichtintensitäten (Dämmerungssehen). Beide enthalten lichtempfindliche Pigmente, die aus einer Proteinkomponente (Opsin) und Retinal (bzw. bei Fischen 3-Dehydroretinal) bestehen. Der Unterschied zwischen dem Sehpigment der Stäbchen (Rhodopsin) und dem der Zapfen (Jodopsin) besteht nur hinsichtlich der Proteinkomponente. Die sich während des Sehprozesses abspielenden biochemischen Prozesse sind für beide Pigmente dieselben.

Die auftreffenden Lichtquanten führen bei ihrer Absorption durch die Sehpigmente zu einer Isomerisierung des im Pigment enthaltenen 11-cis-Retinal zu all-trans-Retinal und zur Spaltung in die beiden Komponenten Opsin und all-trans-Retinal (Abb. 4). Dieses muß aber, um das Sehpigment regenerieren zu können, zurück in die 11-cis-Form ver-

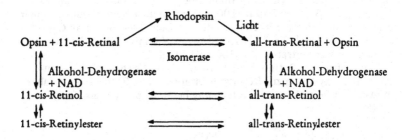

Abb. 3    Das Rhodopsinsystem mit dem Isomerisierungscyclus (WALD 6).

wandelt werden. Außerdem wird ein Teil des Retinals durch die Alkoholdehydrogenase zu Retinol hydriert, welches teilweise verestert wird. Die Spaltung des Pigments zu Retinal + Opsin unter Einfluß von Licht benötigt der Zufuhr von Energie (Lichtenergie). Die Resynthese aus Retinal + Opsin im Dunkeln verläuft exergonisch. Der dabei beteiligte Isomerierungscyclus ist aus der Abb. 3 zu ersehen.

Das Farbensehen wird durch die additive Mischung von 3 verschiedenen Spektralreizen ermöglicht. Die Retina enthält nämlich 3 Typen von Zapfen, die jeweils nur eines der drei Sehpigmente mit $\lambda_{max}$ 435, 540 oder 565 nm enthalten. Nach Bleichung durch das Licht und Spaltung in das entspr. Opsin + all-trans-Retinal werden die erwähnten rot-, grün- und blauempfindlichen Sehpigmente der Zapfen wie oben beschrieben wieder regeneriert.

Zum normalen Sehen sind demnach 4 verschiedene Opsine notwendig: eines in den Stäbchen für die Bildung von Rhodopsin und drei in den Zapfen für die Pigmente des Farbensehens.

Das früheste Symptom des Vitamin A-mangels ist eine Erhöhung der Reizschwelle für Lichteindrücke und eine Verlangsamung der Adaptation an das Dämmerungssehen („Hemeralopie"). In diesem ganzen Bereich ist Retinsäure vollkommen unwirksam.

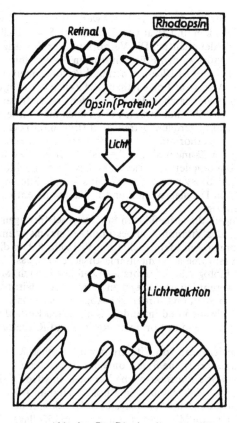

Abb. 4    Das Rhodopsinsystem (7)

2. Mangel an Vitamin bewirkt, wie schon erwähnt, einen Wachstumsstillstand, der mit einer Verminderung der Futteraufnahme einhergeht, jedoch nicht allein auf sie zurückgeführt werden kann. Der Mechanismus der Wachstumswirkung des Vitamin ist A ist noch ungeklärt. Im Bereich der Wachstumswirkung ist auch die Retinsäure wirksam.

3. Vitamin A ist für die normale Fortpflanzung unentbehrlich. Ein Mangel an Vitamin A verursacht Atrophie der Testes und Ovarien. Die biochemischen Wirkungen des Vitamin A in diesem Bereich sind noch nicht befriedigend geklärt, hängen aber vermutlich − zu mindestens zum Teil − mit der Membranaktivität des Vitamins zusammen.

4. Mangel an Vitamin A verursacht schwere strukturelle Veränderungen an den Geweben und zwar vor allem in den Epithelzellen von Auge, Haut und Schleimhäuten. Die Verhornung der Korneazellen (Keratomalacie) gehört zu den Frühsymptomen des Vitamin A-Mangels. Die Keratomalacie kann zu Ulcerationen und Perforationen führen, die einen Verlust des Auges zur Folge haben. Die Zellen der Conjunctiva verhornen ebenfalls, desgleichen das Epithel der Tränendrüsen (Xerophthalmie). Ähnliche Veränderungen weisen auch die Epithelzellen von Respirationstrakt, Verdauungstrakt und Urogenitaltrakt auf. Auf der Haut entstehen Verhornungen (Hyperkeratosen, Parakeratosen). Die Entwicklung der Zähne und Knochen ist gestört und zwar durch Defekte bei der Bildung der organischen Matrix. In den Schleimhäuten wird Vitamin A zur Biosynthese eines spezifischen, D-Fucose, D-Galactose, D-Glucosamin, D-Galactosamin und D-Sialinsäure enthaltenden Glycopeptids benötigt.

Alle Bemühungen, die aufgeführten Stoffwechselstörungen auf eine Coenzymwirkung des Vitamin A in bestimmten Enzymsystemen zurückführen zu können, sind fehlgeschlagen. Vielmehr haben die aufgeführten Mangelsymptome als gemeinsame Ursache, daß das Vitamin A für die Stabilität biologischer Membranen (Zellmembranen, Membranen der Organellen) wesentlich ist. Mangel an Vitamin A bewirkt eine Labilisierung der Membranen und fördert die Abgabe lysosomaler Enzyme. In den Plasmamembranen und im endoplasmatischen Reticulum liegt das Vitamin A vorwiegend in Form von Retinol und Retinsäure vor.

Starke Überdosierungen von Vitamin A wirken schädlich (Hypervitaminose). Charakteristische Symptome der Hypervitaminose sind Hämorrhagien und Spontanfrakturen. Versuche in vitro an Hühnerembryonen haben gezeigt, daß bei einer hohen Vitamin A-Konzentration eine Auflösung der Knochenanlagen erfolgt, die mit der Freisetzung von Spaltprodukten von Mukopolysacchariden und Kollagen (Hexosamine, anorg. Sulfat, Hydroxyprolin) einhergeht. Ursache ist eine erhöhte Permeabilität der Lysosomenmembranen und die dadurch bedingte vermehrte Abgabe von hydrolytisch wirkenden Enzymen. Starke Überdosierungen von Vitamin A haben eine teratogene Wirkung. Bei der Ratte beträgt die Grenzdosis für eine teratogene Wirkung in den kritischen Tagen der Trächtigkeit etwa 30 000 IE/Tag. Chronisch toxische Wirkungen treten bei der Ratte — je nach dem Lebensalter — bei Tagesdosen von rund 10 000–20 000 JE auf. Die Hypervitaminose geht mit stark erhöhten Vitamin A-Konzentrationen im Plasma und in der Leber einher.

Im Gegensatz zu dem Vitamin A wirken auch die höchsten Dosen von $\beta$-Carotin nicht toxisch. Ursache ist die begrenzte Kapazität des Organismus zur Bildung von Vitamin A aus $\beta$-Carotin.

Die wünschenswerte Höhe der Tagesaufnahme an Vitamin A (Carotine + Retinol) wird von der Deutschen Gesellschaft für Ernährung und dem Food and Nutrition Board des National Research Council der USA für den Erwachsenen zu 5000 IE beziffert. Erhebungen in den USA über die tatsächliche Aufnahme haben ergeben, daß die durchschnittliche Zufuhr 7500 IE beträgt und zwar zu je rund 50% in Form von Carotin und Retinol.

Neuerdings wird der Vitamin A-Gehalt der Nahrung vielfach in „Retinoläquivalenten" angegeben. 1 Retinoläquivalent enspricht:
    1 $\mu$g Retinol
    6 $\mu$g $\beta$-Carotin
    12 $\mu$g der anderen Carotin-Provitamine
    3,33 IE Vitamin A-Aktivität aus Retinol
    10 IE Vitamin A-Aktivität aus $\beta$-Carotin.

Der Grenzwert überhöhter Vitamin A-Zufuhren, der zu beginnenden toxischen Wirkungen führt, ist für den Menschen unbekannt. In den Berichten über Vitamin A-Vergiftungen wurden zumeist sehr große Zahlen angegeben, zumeist mehr als 1 Million IE innerhalb kurzer Zeit. In der neuesten, achten Ausgabe (1974) der „Recommended Dietary Allowances" wird empfohlen, daß bei einer ständigen Mehrzufuhr von 6700 IE präformiertem Retinol über die Empfehlungen hinaus eine ärztliche Überwachung stattfinden solle.

$\beta$-Carotin, $\beta$-Apo-8'-carotenal und Canthaxanthin sind auf Grund einer Überprüfung durch das Expertenkommitte der FAO/WHO on Food Additives in vielen Staaten (z.B. auch im Bereich der EWG) als Lebensmittelfarbstoffe zugelassen, desgleichen auch der Pflanzenextrakt „Annatto", dessen Hauptfarbstoff Bixin (Methylhydrogen-9'-cis-diapocarotin-6,6'-dioat) ist.

## 2.2    Vitamin D

Die D-Vitamine entstehen durch UV-Bestrahlung der entsprechenden Provitamine. In der Natur kommt praktisch ausschließlich nur das Vitamin $D_3$ vor. 1 IE Vitamin $D_3$ entspricht 0,025 $\mu$g des kristallisierten Vitamin $D_3$.

Tab. 5    Wirksamkeit der D-Vitamine.

| Provitamin | Vitamin | Relative Wirksamkeit | |
| --- | --- | --- | --- |
| | | Ratte | Küken |
| Ergosterin | $D_2$ | 100 | 100 |
| 7-Dehydrocholesterin | $D_3$ | 100 | 2500 |
| 22-Dihydroergosterin | $D_4$ | 10 | 200 |
| 7-Dehydrositosterin | $D_5$ | 3,5 | – |

Die antirachitische Wirkung hat die Aufspaltung des Ringes B der Sterine zur Voraussetzung, ferner das Vorhandensein einer freien OH-Gruppe in dem Ring A und von 2 konjugierten Doppelbindungen in dem früheren Ring B der Provitamine, der bei der photochemischen Reaktion aufgespalten wurde.

Der tierische Organismus vermag in einem gewissen, von der Intensität der Bestrahlung mit UV-Licht abhängigen Umfange Vitamin $D_3$ zu bilden. Vorstufe ist das 7-Dehydrocholesterin, das in vivo durch Dehydrierung des Cholesterin entsteht. Die Substanz wird dann zur Haut transportiert, wo sie durch Strahleneinwirkung in einem von der Bestrahlungsintensität abhängigen Umfange in Vitamin $D_3$ übergeführt wird. In unserer geographischen Lage genügt jedoch das auf diese Weise endogen entstandene Vitamin $D_3$ infolge der nicht ausreichenden Strahlenintensität nicht, um beim Jungkind, mit seinem hohen Bedarf an diesem Vitamin, den Bedarf in vollem Umfange zu decken.

Alimentär aufgenommenes Vitamin D wird in Gegenwart von Gallensäuren gut resorbiert und durch die Chylomikronen via Lymphe vom Darm abtransportiert. Im Blut wird das Vitamin an ein $\alpha_2$-Globulin gebunden transportiert. Bei seinem Abbau im Organismus entstehen zahlreiche stärker polare Metabolite, die dann via Galle – Darm, zumeist in Form von Glucuroniden, ausgeschieden werden. Nach Verabreichung von [3]H-Vitamin $D_3$ werden nur etwa 3–5% der Aktivität im Harn ausgeschieden.

Vitamin $D_3$ wird zunächst in den Mikrosomen der Leber zu 25-Hydroxycholecalciferol hydroxyliert. Der Umfang dieser Hydroxylierung ist groß bei niederer, klein bei hoher Zufuhr des Vitamin D, wodurch ein Schutz vor der Toxicität und eine gute Ausnutzung kleiner Vitamin-Gaben erreicht werden. Das 25-Hydroxycholecalciferol wird dann in der Niere zu 1,25-Dihydroxycholecalciferol, der eigentlichen Wirkform des Vitamins hydroxyliert. Diese Hydroxylierung besitzt ein potentes Regulationssystem. Wirksam ist dabei vor allem das Parathormon, wodurch bei hoher Zufuhr an Ca bzw. niederer an Phosphat die 1-Hydroxylierung eingeschränkt wird. Bei Unterdrückung der 1-Hydroxylierung wird kompensatorisch vermehrt 24,25-Dihydroxycholecalciferol gebildet. Das 1,25-Dihydroxycholecalciferol wird zur Darmschleimhaut transportiert und dort zunächst von einem spezifischen Rezeptorprotein im Cytosol gebunden, das dann die Substanz an die Chromatinfraktion der Zellkerne weiter gibt. Dort induziert das 1,25-Dihydrocycholecalciferol via einer spezifischen mRNS die Bildung eines spezifischen Ca-transportierenden Proteins, wodurch die Ca-Aufnahme in den Organismus gesteigert wird. Das Protein hat ein MG von 25 000. 1 Mol bindet 1 Ca. Die Konstante für die Bindung von Ca beträg 2,6 · $10^{-6}$ M, für Sr 3,9 · $10^{-4}$ M und für Ba 5,8 · $10^{-3}$ M. Die biol. t/2 des Proteins beträgt bei der Ratte rund 3 Tage. Der aktive

Transport des Ca erfolgt gegen eine Konzentrationsgradienten. Das Protein befindet sich auf der Seite des Bürstensaums der, Mucosazellen.

Ergosterin → (Photochemische Reaktion) → Ergocalciferol (Vitamin $D_2$)

7-Dehydrocholesterin → (Photochemische Reaktion) → Cholecalciferol (Vitamin $D_3$) → (Hydroxylasen) → 1,25-Dehydroxycholecalciferol

Bei einem normalen oder erhöhten Blut-Ca-Spiegel bzw. einer Hypophosphatämie wird die Bildung des 1,25-Dihydroxy-Vitamin $D_3$ eingeschränkt. An seiner Stelle entstehen 24,25-Dihydroxy-Vitamin $D_3$ und 1,24,25-Trihydroxy-Vitamin $D_3$, die biologisch wesentlich weniger aktiv sind als das 1,25-Dihydroxyvitamin.

Die Abnahme der Konzentration im Blut nach einer Injektion von [3]H-Vitamin $D_3$ erfolgt beim Menschen mit t/2 von 20–30 Stunden. Die Ausscheidung der radioaktiven Metabolite erfolgt fast ausschließlich via Galle-Darm. Bei der Ratte wurden bisher 11 Metabolite nachgewiesen.

Vitamin D ist für die Bluthomöostase von Ca verantwortlich und hat damit 2 wesentliche physiologische Funktionen:

1. die normale Verkalkung des Knochens,
2. die Mobilisierung von Ca und P aus dem Knochen.

Das bekannteste Symptom des D-Mangels ist die Rachitis als Verkalkungsstörung des Knochens beim Kind. Bei einem längeren Bestehen der Stoffwechselstörung kann es auch zu einer Entkalkung des vorher normalen Knochens kommen (Osteomalacie). Durch die unzureichende Verkalkung ist der Knochen seiner statischen Belastung nicht mehr gewachsen, so daß Verbiegungen und andere Deformitäten auftreten. Bei der Rachitis ist das ganze Skelett befallen, die Intensität der Störungen ist aber bei den einzelnen Knochen unterschiedlich. Die schwersten Veränderungen betreffen die Teile, die am schnellsten wachsen.

Die Epiphyse ist zunächst knorpelig angelegt. Sie verkalkt von einem Knochenkern aus, der in einem für jede Epiphyse charakteristischen Lebensalter angelegt wird und sich langsam vergrößert. Der Knorpel ordnet sich zum Gelenk zu in parallelen, säulenförmigen Zellgruppen an. Die Mineralstoffeinlagerung erfolgt zunächst in die Zwischensubstanz der diaphysenwärts gelegenen Zellen. Dies ist eine Vorbedingung für die weitere, vom Mark her erfolgende Verkalkung. Bei der Rachitis ist die Verkalkung der provisorischen Verkalkungszone gestört, der Säulenknorpel wuchert, die Säulen werden unregelmäßig und ihre Begrenzung wird unscharf. Vom Knochen her wird dann ein weiches, kaum verkalktes osteoides Gewebe gebildet. Im Röntgenbild ist das Fehlen der scharfen Linie der normalen Verkalkung gut zu sehen. Auf dem Entstehen der verbreiterten und unscharf begrenzten Epiphysenlinie beruht auch der „Line-Test", der am häufigsten verwendete biologische Test auf einen Vitamin D-Mangel. Bei der Heilung der Rachitis durch Gaben von Vitamin D setzt die Verkalkung in dieser Zone ein, die Epiphysenlinie wird dadurch schmäler und erscheint immer schärfer begrenzt. Bald erfolgt dann auch die Verkalkung des anderen osteoiden Gewebes.

Der rachitische Knochen enthält weniger Mineralsubstanz als der normale Knochen, der einen Aschegehalt von rund 50% hat. Die Zunahme des Aschengehaltes der Knochen ist ein guter Test auf die Vitamin D-Wirksamkeit einer Substanz. Ob Grundlage der rachitischen Störung der Knochenverkalkung auch eine Veränderung der chemischen Zusammensetzung der organischen Matrix ist, wurde vielfach diskutiert. Verschiedene Autoren haben über Verminderung der Kollagensynthese, verminderte Vernetzung der Kollagenmoleküle, vermehrte Bildung von Hydroxylysin, abnorme Enzymaktivitäten (alkalische Phosphatase, Proteasen, Lactatdehydrogenase) berichtet. Rachitische Knochen enthalten weniger Citrat als normale.

Die wünschenswerte Höhe der Vitamin D-Zufuhr beträgt 400 IE/Tag für Säuglinge und Kleinkinder (Recommended Dietary Allowances, Food and Nutrition Board USA, 8. Aufl. 1974). Gegenwärtig besteht kein Anhaltspunkt für die Annahme, daß in unserer geographischen Breite gesunde Erwachsene einen exogenen Vitamin D-Bedarf haben mit der Ausnahme der späteren Monate einer Gravidität und während der Lactation.

Schon relativ kleine Überschreitungen der genannten Vitamin D-Dosen wirken sich toxisch aus (Hypervitaminose). Hauptsymptome der Hypervitaminose sind pathologische Verkalkungen, vor allem in den Blutgefäßen und in der Niere, die weitgehend irreversibel sind. Schwerere Hypervitaminosen bedingen im Tierversuch Fertilitäts-Störungen. Bei menschlichen Säuglingen, deren Mütter während der Gravidität zu viel Vitamin D aufgenommen hatten, traten Aortenstenosen und Störungen der Zahnbildung auf. Bei längerer Aufnahme von über 2000 IE Vitamin D/Tag wurden bei Erwachsenen und Kindern Nephrocalcinosen beobachtet.

Die „Fremdstoffkommission" der Deutschen Forschungsgemeinschaft hat daher von einer Vitaminierung von Lebensmitteln mit Vitamin D gewarnt. Vitamin D ist ein stark wirksames Pharmakon, das vom Arzt verordnet werden muß und das nicht unkontrolliert aufgenommen·werden sollte.

Der Gehalt der üblichen Lebensmittel an Vitamin D ist gering. Milch kann bis zu 100 IE/Liter, Butter bis zu 160 IE/100 g enthalten. Die Leberöle mancher Fische enthalten viel Vitamin D. In der Thunfischleber wurden bis zu 50 000 IE/g nachgewiesen.

Im strengen Sinn des Wortes ist Vitamin D kein Vitamin, da es unter normalen Bedingungen in ausreichendem Maße in vivo gebildet wird. *DeLuca* bezeichnet es als ein „Prohormon", das in Leber + Niere zu dem eigentlichen Hormon 1,25-Dihydroxycholecalciferol unter Beteiligung des Parathormon als „Tropin" umgewandelt wird (8).

## 2.3. Die Tocopherole (Vitamin E)

Im Laufe der Zeit wurde eine Reihe von Verbindungen mit Vitamin E-Aktivität isoliert, nämlich die Tocopherole mit einer gesättigten isoprenoiden Seitenkette und die Tocotrienole mit einer drei Doppelbindungen enthaltenden. Beide Reihen leiten sich von dem den Chromanring enthaltenden Tocol (2-Methyl-2-[4',8',12'-trimethyldecyl]-6-oxychroman) ab. Sie unterscheiden sich durch die Substitution in den Positionen 5, 7 und 8 des Chromanringes.

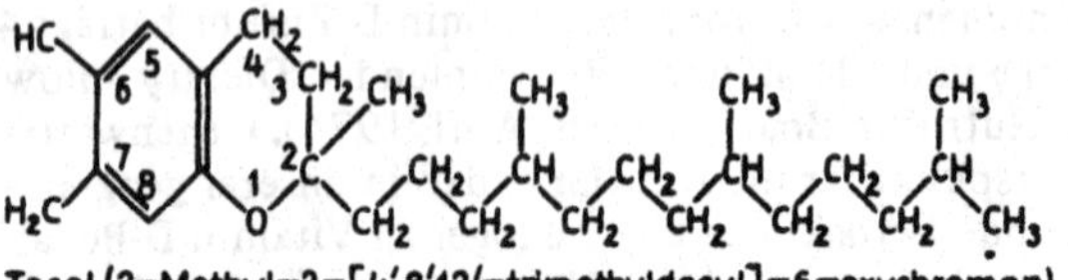

HC
CH$_2$
CH$_2$ CH$_3$
CH$_3$
CH$_3$
CH$_3$
H$_2$C
O
CH$_2$ CH$_2$ CH$_2$ CH CH$_2$ CH$_2$ CH$_2$ CH CH$_3$

Tocol (2−Methyl−2−[4',8',12'−trimethyldecyl]−6−oxychroman)

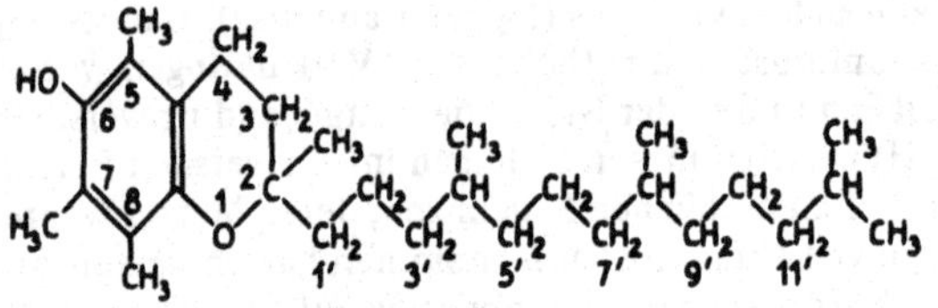

CH$_3$ CH$_2$
HO
CH$_2$ CH$_3$
CH$_3$
CH$_3$
CH$_3$
H$_3$C
O
CH$_3$
CH$_2$ CH$_2$ CH$_2$ CH CH$_2$ CH$_2$ CH$_2$ CH CH$_3$
1'  3'  5'  7'  9'  11'

α − Tocopherol

CH$_3$ CH$_2$
HO
CH$_2$ CH$_3$
CH$_3$
CH$_3$
CH$_3$
H$_3$C
O
CH$_3$
CH$_2$ CH CH$_2$ CH CH$_2$ CH CH$_3$
1'  3'  5'  7'  9'  11'

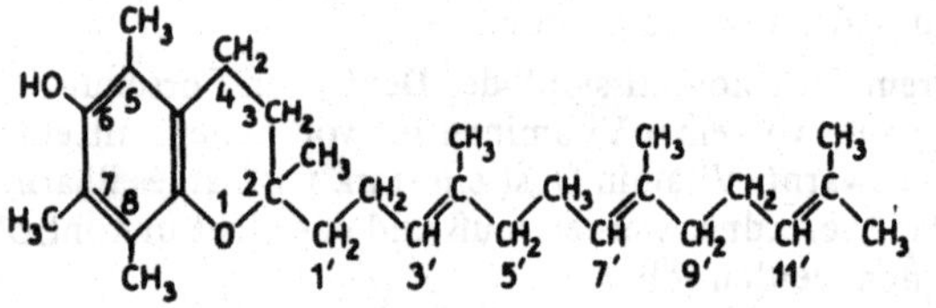

α−Tocotrienol

| Substitution | Tocopherole | Tocotrienole |
|---|---|---|
| 5,7,8-Trimethyl- | α−Tocopherol | α-Tocotrienol |
| 5,8-Dimethyl- | β-Tocopherol | β-Tocotrienol |
| 7,8-Dimethyl- | γ-Tocopherol | γ-Tocotrienol |
| 8-Methyl- | δ-Tocopherol | δ-Tocotrienol |

Alle Tocopherole und Tocotrienole besitzen eine 2R- und in der Seitenkette eine all-trans-Konfiguration.

Die wichtigsten biologischen Bestimmungsmethoden sind:

1. Der prophylaktische oder kurative Sterilitätstest, der darauf beruht, daß Mangel an Vitamin E bei weiblichen Ratten eine Sterilität bewirkt.

2. Der Kreatinurie-Test. Mangel an Vitamin E bewirkt bei Ratten und manchen anderen Species eine Muskeldytrophie, die zu einer stark erhöhten Kreatinurie Anlaß gibt.

3. Der Hämolysetest. Im Vitamin E-Mangel zeigen die Erythrocyten vieler Species eine erhöhte Hämolyseneigung bei Zusatz von Dialursäure (oder anderen Oxydationsmitteln).

Weitere Möglichkeiten zur biologischen Bestimmung sind Messung der Tocopherolkonzentration im Blut oder Umfang der Speicherung in der Leber.

22

Die biologische Aktivität der einzelnen Tocopherole und Tocotrienole ist unterschiedlich. In allen Testen hat α-Tocopherol die höchste biologische Aktivität. Die übrigen Tocopherole zeigen zumeist in allen Tests ein paralleles Verhalten. Nach *Brubacher* und *Weiser* (9) kann man daher für praktische Zwecke mit den in der Tab. 6 wiedergegebenen Richtzahlen arbeiten.

1 IE der Vitamin E Wirksamkeit entspricht 1 mg dl-α-Tocopherylacetat.

Tab. 6    Biologische Aktivitäten der Tocopherole (*Brubacher* und *Weiser* 9)

| Tocopherol | IE/mg |
|---|---|
| dl-α-Tocopherylacetat | 1,0 |
| d-α-Tocopherylacetat | 1,36 |
| d-α-Tocopherol | 1,49 |
| dl-α-Tocopherol | 1,10 |
| d-β-Tocopherol | 0,4 |
| dl-β-Tocopherol | 0,3 |
| d-γ-Tocopherol | 0,2 |
| dl-γ-Tocopherol | 0,15 |
| d-δ-Tocopherol | 0,016 |
| dl-δ-Tocopherol | 0,012 |

Über die biologische Aktivität der Tocotrienole ist man gegenwärtig noch nicht gut orientiert. Sie sind auf alle Fälle wesentlich weniger wirksam als die entspr. Tocopherole. Im Sterilitätstest und Hämolysetest wurde die Aktivität des α-Tocotrienols zu etwa 20% der des α-Tocopherols gefunden, die des β-Tocotrienols zu etwa 1–4 des β-Tocopherols.

Die in vitro bestimmte Antioxydans-Wirkung der Tocopherole und Tocotrienole verhält sich gerade umgekehrt wie ihre biologische Wirkung als Vitamin E. Z.B. hat α-Tocopherol die höchste biologische Vitamin E-Wirkung aber die schwächste als ein in vitro Antioxydans.

Die Tocopheramine entstehen durch Ersatz der OH-Gruppe in der Position 6 des Chromanrings durch eine $NH_2$-Gruppe. α-Tocopheramin hat praktisch dieselbe biologische Aktivität wie das α-Tocopherol. Ähnliches gilt auch für den Ersatz der OH-Gruppe gegen SH. Beseitigung der OH-Gruppe oder Verätherung derselben vernichtet die biologische Aktivität.

Tocopherylester werden im Darm gespalten. Die Resorptionsquote der Tocopherole beträgt beim Menschen nur etwa 30–40% nach Versuchen mit markiertem Tocopherol. Bei der Ratte wurde nachgewiesen, daß die Resorption des γ-Tocopherol schlechter als die des α-Tocopherol ist und daß die Resorptionsrate der Tocotrienole immer schlechter als die der entspr. Tocopherole ist. Die Tocopherole werden dann in den Chylomikronen vom Darm abtransportiert.

Beim gesunden Menschen beträgt die Tocopherolkonzentration, in Abhängigkeit von der Tocopherolversorgung, im Plasma etwa 0,5 – 1,5 mg/100 ml, wobei zumeist Werte um 1 mg gefunden werden. Während der Gravidität ist der Plasmaspiegel erhöht. Im Plasma finden sich die Tocopherole in den Lipoproteinen niederer Dichte.

Hauptspeicherorgan für die Tocopherole ist die Leber. Bei Verwendung von markiertem Tocopherol ergab sich, daß die maximale Konzentration schon nach 6 Stunden erreicht wird. Im Verlaufe der nächsten Stunden wird dann von der Leber wieder Tocopherol zu gunsten der anderen Organe abgegeben.

Die höchste Tocopherolkonzentration weisen die Nebennieren mit 15–20 mg/100 g auf. Die Leber enthält in der Norm 2–3 mg/100 g, die meisten anderen Organe 0,5–1,5. Die Tocopherolkonzentration im Fettgewebe ist nur gering und unter 1 mg/100 g gelegen. In der Leber wurde ein spezifisches Tocopherol bindendes Protein aufgefunden. In der Leber sowie in anderen daraufhin untersuchten Zellen enthalten die Mitochondrien etwa 50–60% des gesamten Tocopherol, die Mikrosomen etwa 20% und das Cytoplasma etwa 10–20%.

Beim Menschen und bei der Ratte wird α-Tocopherol zu Tocopheronolacton (,,Simon Metabolite") abgebaut, das in Form des Glucuronids im Harn ausgeschieden wird. Beim Menschen wurden nach Gabe von 20 mg α-Tocopherol im Mittel 3,5% der Dosis in Form dieses Metaboliten ausgeschieden. Der Abbau vollzieht sich, zum mindesten zum Teil, über α-Tocochinon. Das Tocopheronolacton ist biologisch inaktiv.

Vitamin E Antimetabolite (Antivitamine) im strengen Sinne des Wortes sind bisher noch nicht bekannt geworden.

Das Chromanol des Hexahydro-Coenzym $Q_4$ (Hexahydro-ubichinon-20) ist chemisch mit Tocopherol verwandt und besitzt Vitamin E-Aktivität bei der Resorptionssterilität der Ratte und bei der Muskeldystrophie des Kaninchens. Coenzym Q-chromanole wurden bisher noch nicht in der Natur aufgefunden.

,,*Simon*-Metabolit" (Tocopheronolacton) 2-(3-Hydroxy-3-methyl-5-carboxypentyl)-3,5,6-trimethyl-1,4-benzochinon-γ-lacton.

Mangel an Vitamin E verursacht zahlreiche Ausfallserscheinungen, die bei den verschiedenen Species recht unterschiedlich sein können. Da das Vitamin E im Zusammenhange mit der Resorptionssterilität weiblicher Ratten entdeckt wurde, erhielt es zuerst die Bezeichnung eines „Fruchtbarkeits-Vitamin" oder eines „Antisterilitätsvitamin", eine heute als obsolet anzusehende Bezeichnung, da es eine solche Wirkung bei den meisten Species und auch beim Menschen nicht besitzt. Die wichtigsten Mangelsymptome sind in der Tab. 7 zusammengestellt. Die führenden Symptome bei den einzelnen Species sind:

*Ratte:* Resorption der Feten, Testesatrophie. Außerdem kommen Dystrophie der quergestreiften und glatten Muskulatur, Lebernekrosen sowie zentralnervöse Veränderungen vor.

*Maus:* Resorption der Feten, jedoch keine Testesatrophie. Eine Muskeldystrophie kommt nur bei sehr jungen Tieren vor und pflegt nicht sehr hochgradig zu sein. Glatte Muskulatur und Zentralnervensystem pflegen nicht betroffen zu sein.

*Meerschweinchen* und *Kaninchen:* Frühsymptom ist die Muskeldystrophie. Resorption und Atrophie der Testes können vorkommen.

*Hund:* Hauptsymptom ist die Muskeldystrophie. Testesdegeneration kommt zumeist vor.

*Huhn:* Exsudative Diathese und Encephalomalacie.

*Katze:* Keine sehr stark ausgeprägte Muskeldystrophie. Die Erythrocyten sind gegen eine Dialursäure-Hämolyse wesentlich empfindlicher als die der Ratte.

*Affe:* Muskeldystrophie, Kreatinurie, hämolytische Anämie und Leukocytose.

Die Resorption der Feten hat ihre Ursache darin, daß die Feten keinen hämatopoetischen Apparat aufbauen können und daher zu Grunde gehen. Die Muskeldystrophie geht mit einer starken Kreatinurie einher, ferner mit Veränderungen des Proteinstoffwechsels, die sich u.a. auch in einer erheblichen Aminosäuren-Ausscheidung im Harn äußert. Insbesondere ist die Ausscheidung von 3-Methylhistidin vergrößert, ein klassisches Symptom für Störungen im Bereich der Proteinsynthese im Muskel. Die Muskeldystrophie geht mit starken Abnahmen zahlreicher Enzyme im Muskel einher wie z.B. Transaminasen und Zunahmen hydrolytischer Enzyme wie Ribonuklease, Kathepsin, Arylsulfatase, saure Phosphatase u.a.m.

Ein besonderes ernährungsphysiologisches Interesse beansprucht die alimentäre Lebernekrose der Ratte, die man erzeugen kann, wenn man eine Vitamin E-freie Diät bei gleichzeitiger ungenügender Proteingabe (insbesondere die S-haltigen Aminosäuren betreffend) verfüttert. Der zumeist nach 50—100 Tagen einer solchen Mangelernährung auftretenden Lebernekrose gehen zahlreiche biochemische Veränderungen voraus. Die unmittelbare Todesursache ist bei der alimentären Lebernekrose eine hochgradige Hypoglykämie. Die klassische Methode zur experimentellen Erzeugung der alimentären Lebernekrose bei der Ratte ist die Verfütterung einer Diät, die als einzige Proteinquelle 30% Torulahefe enthält. Torulahefe ist arm an den S-haltigen Aminosäuren und nahezu frei von Tocopherol — aber auch von Selen.

Die beiden führenden E-Mangelsyndrome bei Hühnern sind die Encephalomalacie, bei der Spasmen, Ataxien oder Paralysen auftreten und bei denen histologisch Hämorrhagien, Ödeme und Nekrosen (vor allem die Purkinje-Zellen des Kleinhirns betreffend) gefunden werden, sowie die exsudative Diathese, bei der Ödeme in Muskeln, Bindegewebe und subcutanem Gewebe auftreten, die mitunter durch Zersetzungsprodukte von Hämoglobin grünlich gefärbt sind.

Tab. 7    Vitamin E-Mangelsymptome.

| Symptom | Verstärkung durch Polyensäuren | Verhütung durch | | | |
|---|---|---|---|---|---|
| | | Vitamin E | Selen | synthetische Antioxydantien | S-haltige Aminosäuren |
| **Absterben der Embryonen infolge Störung der Gefäßentwicklung:** | | | | | |
| Ratte, Huhn, Truthahn | + | + | − | + | − |
| Kuh, Schaf | − | − | + | − | − |
| **Testes-Atrophie:** | | | | | |
| Ratte, Meerschweinchen | − | + | − | − | − |
| Hamster, Hund, Hahn | − | + | + | − | − |
| **Lebernekrose: Ratte, Schwein** | − | + | + | − | − |
| **Erythrocyten-Hämolyse:** | | | | | |
| Mensch, Ratte, Huhn | + | + | − | + | − |
| **Abnahme Plasmaproteine:** | | | | | |
| Huhn, Truthahn | − | + | + | − | − |
| **Anämie: von Affen** | − | + | − | + | − |
| **Encephalomalacie:** | | | | | |
| beim Huhn | + | + | − | + | − |
| **Exsudative Diathese:** | | | | | |
| beim Huhn | − | + | + | − | − |
| **Nieren-Degeneration:** | | | | | |
| Ratte, Affe, Nerz | + | + | + | − | − |
| **Schneidezähne-Depigmentierung: Ratte** | + | + | − | + | − |

| | | | | | |
|---|:-:|:-:|:-:|:-:|:-:|
| **Fettgewebs-Pigmentierung:**<br>Nerz, Schwein, Huhn | + | + | − | + | − |
| **Muskeldystrophie:**<br>Kaninchen, Meerschwein-<br>chen, Affe, Maus, Nerz,<br>Ente | − | + | − | − | − |
| Huhn | − | + | − | − | + |
| **Skelettmuskel- und Herz-<br>Degeneration:**<br>Lamm, Kalb, Ziege | − | − | + | − | − |
| **Herz-Degeneration:**<br>Truthahn | − | − | + | − | − |

Trotz vieler eingehender Untersuchungen ist der Wirkungsmechanismus der Tocopherole auf molekularer Basis noch nicht befriedigend geklärt. Die meisten E-Mangelsymptome beruhen ohne Zweifel auf dem Fortfall des Oxydationsschutzes infolge der Wirkung der Tocopherole im Sinne eines lipophilen Antioxydans und die dadurch mögliche Bildung von Peroxiden aus den Polyensäuren. Diese Auffassung wird dadurch unterstützt, daß manche Tocopherol-Mangelsymptome durch die Verabreichung von synthetischen Antioxydantien wie z.B. DPPD (N, N'-Diphenyl-p-phenylendiamin) oder Äthoxyquin (1,2-Dihydro-6-äthoxy-2,2,4-trimethylchinolin) im Tierversuch verhütbar bzw. heilbar sind. Die Wirkungsunterschiede zwischen Tocopherol und den synthetischen Antioxydantien werden darauf zurückgeführt, daß wesentliche Unterschiede im Stoffwechsel und in der intracellulären Verteilung zwischen beiden bestehen.

Tocopherole können eine Peroxidation von Polyensäuren verhüten. Die Bildung von Peroxiden erfolgt in vivo bei Fortfall des Schutzes durch die Tocopherole nach Untersuchungen an Organhomogenaten und ähnlichen Versuchsanordnungen in erster Linie durch eine Katalyse durch Häminproteide. Die Anfangsstadien der Peroxidation von Linolsäure ergeben sich aus dem folgenden Schema (die Ziffern sind die Nummern der C-Atome):

```
13  12   11    10   9
−CH=CH−CH₂−CH=CH−
       Linolsäure
           ↓
−CH=CH−CH −CH=CH−
Linolsäure (freies Radikal)
           ↓ + O₂
−CH=CH−CH −CH=CH−
         |
         O−O
Linolsäure-peroxidradikal
```

$$\overset{\displaystyle\downarrow}{-CH=CH-\underset{|}{C}H -CH=CH-}$$

$$\underset{|}{O}-OH + \text{Linolsäure}$$

Linolsäure-11-hydroperoxid + Linolsäure (freies Radikal)

In der ersten Stufe wird aus der durch ihre Stellung im Molekül aktivierten $CH_2$-Gruppe (C-Atom 11) unter Energieaufwand 1 H-Atom abgespalten. Das entstehende Radikal addiert $O_2$ unter Bildung eines Peroxidradikals, das in Linolsäurehydroperoxid übergeht, wobei es ein neues Linolsäureradikal liefert. Es entsteht auf diese Weise eine Kettenreaktion, die durch Selbstkatalyse immer mehr beschleunigt wird. An diese einigermaßen überschaubare Primärreaktion schließen sich dann sekundäre Prozesse an, die gegenwärtig noch nicht in allen Einzelheiten geklärt sind. Es handelt sich hierbei sowohl um Spaltungsreaktionen als auch um Kondensationsreaktionen, bei denen polymere Triglyceride und Fettsäuren gebildet werden. Als Spaltprodukte entstehen u.a. Aldehyde, Ketone, Hydroxysäuren, Aldehydsäuren, Ketosäuren, Epoxysäuren, ferner Alkanale und Alkenale. U.a. wird auch Malondialdehyd gebildet, der sich durch seine Farbreaktion mit 2-Thiobarbitursäure leicht nachweisen läßt, eine Reaktion, die in großem Umfange zum Nachweis einer Peroxidation verwendet wird. Dazu ist zu bemerken, daß man mit der Thiobarbiturat-Reaktion nicht die Peroxidation, sondern nur deren Spaltprodukte erfaßt, was schon zu Fehlinterpretationen Anlaß gegeben hat.

Die Peroxide sind sehr reaktionsfähige Substanzen und wirken stark toxisch, weil sie mit essentiellen Zellbestandteilen reagieren und diese dadurch inaktivieren wie z.B. Vitamine, Hormone, Enzyme und anderweitige Wirkproteine, Aminosäuren, Nukleinsäuren. Biologische Membranen sind gegen Peroxide besonders empfindlich, und zwar infolge ihres hohen Gehaltes an Polyensäuren enthaltenden Phospholipiden. Es kommt hierbei zu Veränderungen der normalen Membranstruktur und zu Schädigungen von membrangebundenen Enzymen (z.B. der NADP-Oxidase der Membranen von Mitochondrien und Mikrosomen). Solche an Mitochondrien und Mikrosomen von Vitamin E-Mangelratten nachgewiesenen Veränderungen lassen sich durch die Gabe von Tocopherol verhüten. Einen gewissen Schutz vor den Folgen einer Peroxidbildung bewirkt auch das Glutathion-Peroxidase-System (EC 1.11.1.9.), dessen Aktivität in manchen Organen (Fettgewebe, Muskel) durch die Verabreichung von Tocopherol gesteigert werden kann.

Durch die Bildung von Peroxiden im Tocopherolmangel werden auch die Membranen der Lysosomen labilisiert, wodurch lysosomale Enzyme wie Arylsulfatase, Ribonukleasen, Kathepsine, Glucuronidasen u.a.m. in Freiheit gesetzt werden, was infolge der Spaltung von Zellbausteinen zu morphologischen Veränderungen führt. Dies wurde vor allem bei der E-Mangel-Muskeldystrophie erstmalig nachgewiesen.

Die vermehrte Spaltung der Zellbausteine gibt zur erhöhten Ausscheidung typischer Spaltprodukte wie Kreatin, Hydroxyprolin, 3-Methylhistidin und anderen Aminosäuren im Harn Anlaß.

Nebenbei sei in diesem Zusammenhange erwähnt, daß polyensäurereiche Fette, die in Abwesenheit von Tocopherolen oder anderen Antioxydantien bei niederer Temperatur der Einwirkung von $O_2$ ausgesetzt waren, mehr oder minder große Mengen an Peroxiden enthalten. Die Aufnahme größerer Mengen solcher Fette, die sofort durch ihren ranzigen Geruch und Geschmack auffallen, ist daher gesundheitsschädlich. Da die Peroxide bei Temperaturen von etwa 150 °C zerfallen, enthalten erhitzte Fette (z.B. Frittierfette) keine Peroxide.

Untersuchungen in vitro und in vivo haben gezeigt, daß Tocopherol einen gewissen Schutz gegen die toxischen Wirkungen oxydativ wirkender Umweltchemikalien wie $O_3$ und $NO_2$ verleiht, deren Einatmung zu einer Abnahme der Polyensäuren in der Lunge und zu einem erhöhten Tocopherolverbrauch Anlaß gibt.

Daß Beziehungen zwischen den Tocopherolen und Selen bestehen, wurde erstmalig von *K. Schwarz* (10) gezeigt, der nachwies, daß die alimentäre Lebernekrose der Ratte unter bestimmten Bedingungen nicht nur durch eine genügende Zufuhr von Tocopherol, sondern auch durch eine Zufuhr von Selen verhütet werden kann. In der Folgezeit wurden noch weitere Bereiche bekannt, in denen Tocopherol voll oder partiell durch Selen vertretbar ist. Erst nachdem es gelungen war, extrem Selen-arme Futterformen herzustellen ($< 0,01$ ppm Se) konnte der Nachweis geführt werden, daß Selen ein unentbehrliches Spurenelement ist. Sein Fehlen bewirkt Wachstumsstillstand auch bei einer guten Versorgung mit Vitamin E.

Auf Grund der heute vorliegenden Befunde schlägt *Scott* (11) die folgende Einteilung der durch Mangel an Tocopherol oder Selen auftretenden Mangelsymptome vor:

*1. Reine Tocopherolmangelzustände*
    a. auch auf andere Antioxydantien ansprechend
       Encephalomalacie von Vögeln
       Resorptionssterilität
       Erythrocytenhämolyse
       Verfärbung von Fett, Bildung von Ceroid und Lipofuscin
       Schwellen von Mitochondrien
    b. Nicht auf Antioxydantien ansprechend
       Muskeldystrophie bei Kaninchen, Meerschweinchen, Affen,
         Hühner, Nerz, Mäuse (Beteiligung der S-Aminosäuren)
       Testesdegeneration von Ratten
*2. Reine Selenmangelzustände*
       Myopathie von Lämmern, Kälbern, Truthähnen (,,White muscle
       disease").

Alimentäre Lebernekrose der Ratte (spricht auch auf Tocopherol an, Hauptfaktor ist jedoch Selen).
Exsudative Diathese von Vögeln (Die benötigte Se-Dosis ist in gewissem Umfange von der Versorgung mit Tocopherol abhängig).

Die Beziehungen zwischen Selen und Tocopherol sind durch die Entdeckung, daß die Glutathionperoxidase ein Selen enthaltendes Protein ist, besser verständlich geworden. Wie schon weiter oben erwähnt, ist dieses Enzym ein wesentlicher Faktor für den Schutz der Zellen gegenüber Peroxiden. Dieser Befund schlägt auch eine Brücke zu der Rolle der S-haltigen Aminosäuren, da sie Bausteine des Glutathion sind.

Die Selenanaloge des Tocopherol sind biologisch inaktiv, sie haben weder eine Vitamin E-Wirkung noch eine Selenwirkung.

Die beste Tocopherolquelle sind die Pflanzenöle. Ihr Tocopherolgehalt geht häufig ihrem Polyensäuregehalt parallel. Die Nicht-$\alpha$-Tocopherole machen in ihnen einen unterschiedlich hohen Prozentsatz aus.

Tab. 8    Tocopherolgehalt von Pflanzenölen (Mittelwerte).

| Öl | Gesamt-tocophe-role mg/100 g | Anteil der einzelnen Tocopherole in % | | | | |
|---|---|---|---|---|---|---|
| | | $\alpha$ | $\beta$ | $\gamma$ | $\delta$ | sonstige |
| Weizenkeimöl | 260 | 56,0 | 23,5 | 10,0 | 10,5 | – |
| Reiskeimöl | 168 | 60,0 | – | 20,3 | 10,7 | 8,0 |
| Sojaöl | 118 | 13,5 | – | 59,0 | 17,5 | 10,0 |
| Maisöl | 100 | 10,0 | 5,0 | 80,0 | – | – |
| Baumwollsamenöl | 92 | 55,4 | – | 44,6 | – | – |
| Safficeröl | 89 | 51,5 | – | 21,9 | 26,6 | – |
| Sesamöl | 66 | 38,9 | – | 61,5 | – | – |
| Sonnenblumenöl | 50 | 80,0 | – | 10,0 | – | 10,0 |
| Erdnußöl | 22 | 15,5 | – | 64,5 | 20,0 | – |

Kuhmilch enthält im Mittel 0,1 mg Tocopherole/100 ml, Frauenmilch 0,13 – 2,0 mg.

Die wünschenswerte Höhe der Tocopherolzufuhr, die einen Blutspiegel von über 0,5 mg/100 ml gewährleistet, beträgt nach den „Recommended Dietary Allowances" der USA von 1974 10–15 IE/Tag entspr. 15–25 mg d-$\alpha$-Tocopherol. Bei hohen Fettzufuhren und einem hohen Gehalt der Fette an Polyensäuren sollte die Zufuhr bis zu 25 IE/Tag betragen.

Tocopherole wurden immer als praktisch untoxische Substanzen betrachtet. Neuerdings wurde festgestellt, daß langfristige Verabreichung sehr hoher Dosen (100 mg dl-$\alpha$-Tocopherol je Ratte und Tag für 28 Wochen) einige biochemische Veränderungen bewirkt (Zunahme von Lipiden und Cholesterin im Blut, ferner Veränderungen des Fettsäure-Patterns der Lipide von Plasma, Erythrocyten, Leber und Testes). Die genannte Dosis entspräche einer Tocopherolaufnahme von rund 25–30 g/Tag für einen 70 kg schweren Menschen.

Mangelzustände an Tocopherol und an Selen wurden bisher beim Menschen noch nie mit Sicherheit nachgewiesen.

Hinsichtlich der therapeutischen Verwendung des Vitamin E sei auf die Zusammenfassung von *Marks* (12) verwiesen. Die gesicherten Befunde sind nur spärlich. Diskutiert wird die Anwendung beim Fett-Malabsorptions-Syndrom, der Sprue und der Claudicatio intermittens. Ferner werden Gaben bei einem sehr hohen Gehalt der Nahrung an Polyensäuren von manchen Autoren empfohlen. Über die Relation zwischen dem Tocopherolbedarf und der Zufuhr an Polyensäuren haben unlängst *Alfin-Slater* et al. (13) ausführlich Stellung genommen. An Hand ihrer seit 30 Jahren durchgeführten Multigenerationsversuchen an Ratten haben sie festgestellt, daß bei einem Gehalt der Nahrung an 33% Fett-Calorien bis zu einem Verhältnis der Polyensäuren/gesättigte Fettsäuren von 1,6/1 und bei einer Relation der Polyensäuren/Tocopherol bis zu 1780/1 keine unerwünschten Reaktionen auftreten.

## 2.4. *Vitamin K*

Die K-Vitamine sind Naphthochinonderivate, die in Position 2 eine Methylgruppe besitzen. In der Natur kommen Vitamin $K_1$ (Phyllochinon) und Vitamin $K_2$ (Menachinon) vor. Es gibt jedoch zahlreiche einfacher gebaute Naphthochinonderivate mit Vitamin K-Aktivität. Beispiele sind das therapeutisch viel verwendete Menadion (Vitamin $K_3$) und das entspr. Hydrochinon (Vitamin $K_4$). Auch wasserlösliche Derivate des Vitamin K wurden hergestellt. Ein Beispiel ist Synka-Vit (2-Methyl-1,4-naphthohydrochinondiphosphat).

Nach Untersuchungen mit markiertem Vitamin $K_1$ beträgt die Resorptionsrate 20–60%. Nach den Untersuchungen von *Martius* wird im Darm durch die Darmbakterien die isoprenoide Seitenkette abgespalten, wodurch 2-Methylnaphthochinon entsteht. Dieses wird resorbiert und – vermutlich in der Leber – durch Einführung einer 4 Isoprenreste umfassenden Seitenkette in das 2-Methyl-3-tetraprenyl-1,4-naphthochinon übergeführt. Die Resorption des Vitamin K wird durch Gegenwart von schlecht resorbierbaren lipidlöslichen Substanzen wie z.B. Mineralöle (höhere Kohlenwasserstoffe) im Darm stark gehemmt. Im Blut wird Vitamin K durch die Lipoproteine transportiert. Die meisten Organe speichern nur wenig Vitamin K. Bei der Ratte wurde t/2 des injizierten Vitamin K zu 17 Stunden bestimmt.

Der Abbau der Phyllochinone im Organismus vollzieht sich derart, daß zunächst durch eine ω-Oxydation der isoprenoiden Seitenkette eine Carboxylgruppe entsteht, worauf dann durch nachfolgende β-Oxydationen die Seitenkette immer stärker verkürzt wird. Die so entstandenen Säuren werden im Harn in Form ihrer Glucuronide ausgeschieden.

Derivate des Cumarins und Dicumarols wirken als Vitamin K-Antagonisten. Zur Hemmung der Blutgerinnung verwendete Antagonisten sind Dicumarol, Markumar und Warfarin.

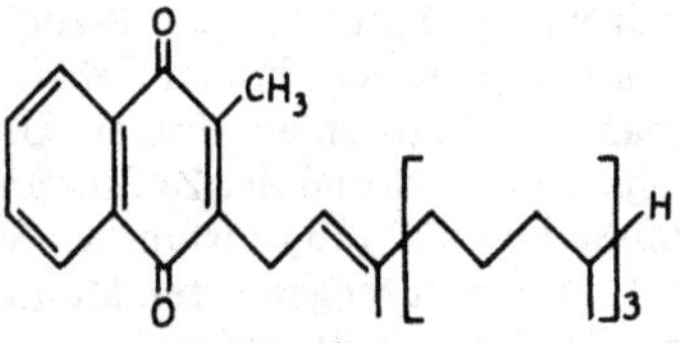

Vitamin K₁

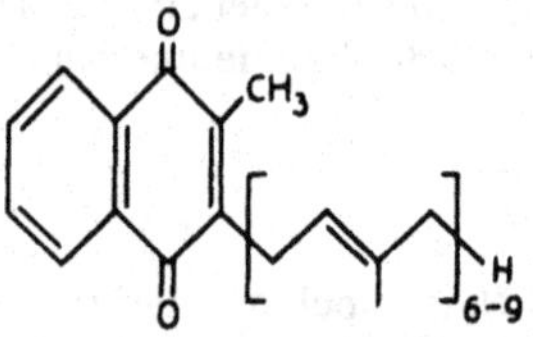

Vitamin K₂

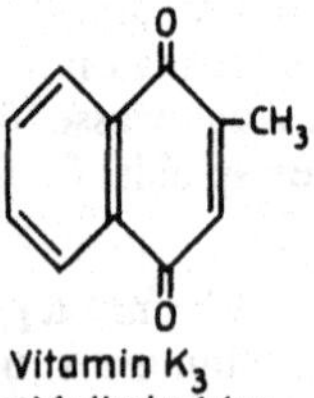

Vitamin K₃
(2-Methyl-1,4-
naphthochinon,Menadion)

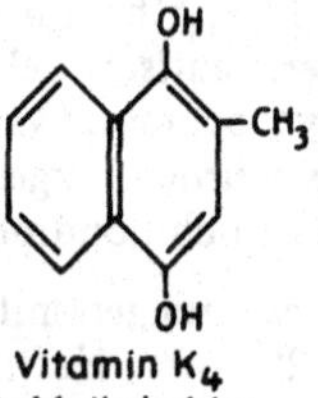

Vitamin K₄
(2-Methyl-1,4-
naphthohydrochinon)

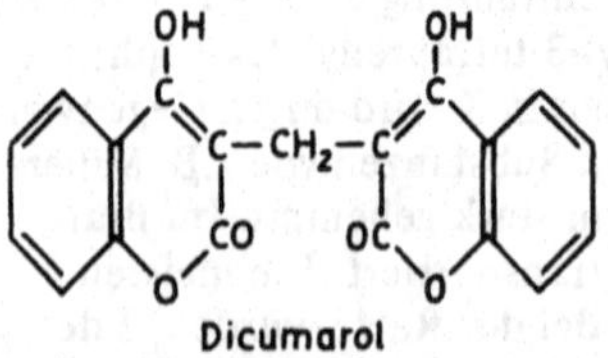

Dicumarol
3,3′-Methylen-bis-[4-oxycumarin]

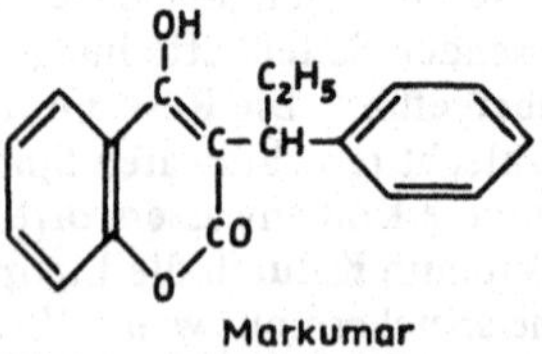

Markumar
3-[1′-Phenylpropyl]-4-oxycumarin

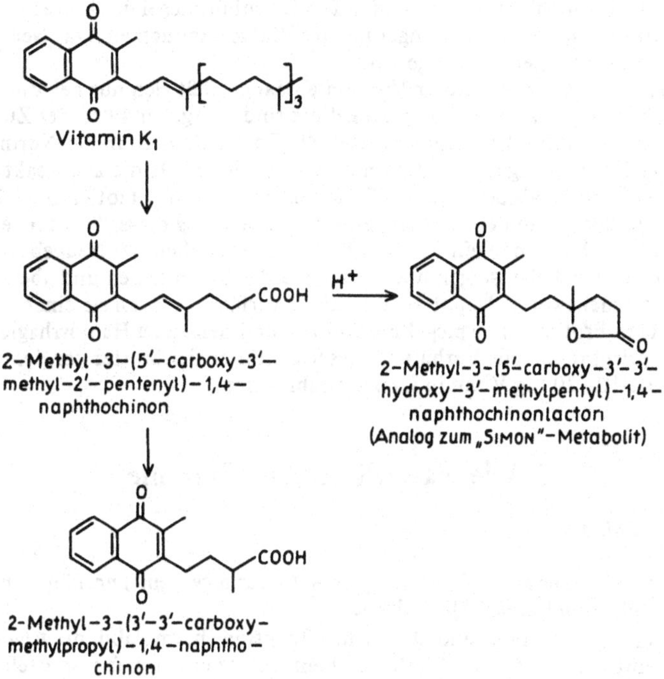

Vitamin K₁

2-Methyl-3-(5'-carboxy-3'-
methyl-2'-pentenyl)-1,4-
naphthochinon

2-Methyl-3-(5'-carboxy-3'-3'-
hydroxy-3'-methylpentyl)-1,4-
naphthochinonlacton
(Analog zum „SIMON"-Metabolit)

2-Methyl-3-(3'-3'-carboxy-
methylpropyl)-1,4-naphtho-
chinon

Abb. 5 Stoffwechsel des Vitamin K

Die wichtigsten Teste auf eine Vitamin K-Aktivität von Substanzen sind:

1. Der Kükentest, bei dem die Normalisierung der Blutgerinnung bzw. der Thromboplastinzeit nach der Methode von *Quick* verfolgt wird.

2. Die Messung der Aufhebung der Wirkung von Dicumarolpräparaten durch Verfolgung der Verkürzung der Blutgerinnungszeit (Kaninchen) oder Feststellung der Überlebenszeit (Ratte).

Vitamin K wird für die Bildung von 4 Blutgerinnungsfaktoren benötigt: Faktor II (Prothrombin), Faktor VII (Proconvertin), Faktor IX (Christmas-Faktor) und Faktor X (Stuart-Faktor). Die Beteiligung des Vitamin K bei der Bildung des aktiven Prothrombin besteht darin, daß es für die Bildung oder Übertragung eines Peptids verantwortlich ist, das die prosthetische Gruppe des aktiven Prothrombin ist. Ein ähnlicher Mechanismus ist auch für die Beteiligung des Vitamin K bei der Bildung des aktiven Faktor X wahrscheinlich gemacht worden.

Mangel an Vitamin K senkt den Prothrombinspiegel des Blutes und bewirkt dadurch eine Verlängerung der Blutgerinnungszeit, was Neigung zu Blutungen zur Folge hat.

Ein schwerer alimentärer Vitamin K-Mangel läßt sich nur bei Vögeln erzeugen. Menschen und Säugetiere sind weitgehend von der Zufuhr des Vitamin K unabhängig, weil die Darmbakterien in der Norm ausreichende Mengen an Vitamin K synthetisieren. Da die Darmbakterien bei der Verabreichung von Sulfonamiden und Antibiotica geschädigt werden, kann bei einer längeren Verabreichung dieser Substanzen auch beim Menschen ein Vitamin K-Mangel entstehen. Da Neugeborene in den ersten Lebenstagen noch einen sterilen Darm haben und über kein nennenswertes Depot an Vitamin K verfügen, weisen sie einen niederen Prothrombinspiegel im Blut auf und neigen zu Hämorrhagien. Man pflegt daher zur Verhütung dieser Zustände der Mutter vor der Geburt 10−20 mg Vitamin $K_1$ zu verabreichen.

# 3. Die wasserlöslichen Vitamine

## 3.1 Thiamin

Thiamin (früher auch Vitamin $B_1$ oder Aneurin genannt) enthält einen Pyrimidin- und einen Thiazolrest.

Es ist bei neutraler und alkalischer Reaktion thermolabil, deswegen muß mit entsprechenden Verlusten beim Erhitzen von Lebensmitteln gerechnet werden. Unter der Wirkung von schwefliger Säure bzw. Sulfiten wird der Pyrimidinrest bereits in der Kälte abgespalten und das Vitamin dadurch inaktiviert. Ein Teil der toxischen Wirkung der Sulfite − die auch heute noch eine Rolle bei der Erzeugung und Verarbeitung von Lebensmitteln spielen − ist auf diesen Umstand zurückzuführen. Ferner gibt es eine Reihe von Pflanzenbestandteilen aus der Gruppe der Flavonoide, die Thiamin zerstören. Durch das Entstehen schwerer Thiaminmangelzustände beim Verfüttern roher Fische in einer

Pyrimidinrest    Thiazolrest
Thiamin

Silberfuchsfarm wurde man darauf aufmerksam, daß viele Fische ein Enzym Thiaminase enthalten, welches Thiamin hydrolytisch zu 2-Methyl-4-amino-5-hydroxymethylpyrimidin und 4-Methyl-5-hydroxyäthylthiazol aufspaltet.

*Vorkommen:*
Thiamin findet man in tierischen Geweben überwiegend in der
Form des Pyrophosphorsäureesters (Coenzym). Den höchsten Gehalt
hat der Herzmuskel, dann folgen Leber, Niere und Gehirn, zuletzt
Muskulatur (relativ hoher Gehalt in Schweinefleisch). In Pflanzen
überwiegt das freie Thiamin. Die besten Quellen sind Brot und andere
Getreideprodukte; etwa 25−40 % der Thiaminaufnahme in den Ländern der westlichen Welt sind auf Cerealien zurückzuführen. Thiamin
ist im Getreidekorn überwiegend im Keim und in der Aleuronschicht
lokalisiert, was die Bedeutung des Ausmahlungsgrades von Mehl für
Thiaminversorgung (s. Seite 4/5) ebenso wie die Tatsache erklärt, daß
bei überwiegender Ernährung mit poliertem Reis Thiaminmangelzustände häufig sind. Weitere Thiaminquellen mit geringerem Gehalt
sind Kartoffeln und Milch. Für die Thiaminversorgung spielt es keine
Rolle, ob das Vitamin in freier oder phosphorylierter Form vorliegt,
da Phosphorylierungs- und Dephosphorylierungsvorgänge bei Verdauung und Resorption sowie in praktisch allen Zellen ablaufen.

Die Wirkform des Thiamin ist Thiaminpyrophosphat. Es entsteht
aus Thiamin und ATP unter der Wirkung von Thiamin-Pyrophospho-
kinase. Thiaminpyrophosphat ist Coenzym der Transketolase im
Pentosephosphatcyclus sowie verschiedener α-Ketosäureoxidase-
systeme: Pyruvatoxidase, α-Ketoglutaratoxidase und Oxidasesysteme
für die oxidative Decarboxylierung der nach Transaminierung von
verzweigten Aminosäuren entstehenden α-Ketosäuren. Thiaminpyrophosphat wirkt dabei als Überträger des Aldehydrestes: Bei Transketolase Glycolaldehyd, bei Pyruvatoxidase Acetaldehyd und bei
α-Ketoglutaratoxidase Succinosemialdehyd.

Transfer von Aldehydresten durch Thiaminpyrophosphat

Die biologische Halbwertszeit des Thiamins wurde je nach der zur Untersuchung verwendeten Dosis zu 9,5 bis 18,5 Tage gefunden, deshalb ist regelmäßige Zufuhr erforderlich.

Unverändertes bzw. mit Sulfat verestertes Thiamin macht etwa 50% der Ausscheidung aus. Der Rest wird in Form zahlreicher Metabolite eliminiert, unter denen Thiaminsäure, Methylthiazolessigsäure und Pyramin den Hauptanteil ausmachen.

*Mangelerscheinungen:*

Die Entdeckung des Thiamins steht im Zusammenhang mit Untersuchungen über die Beri-Beri-Krankheit, die man vor allem in asiatischen Ländern mit hohem Anteil von poliertem Reis in der Ernährung findet. Hier handelt es sich aber um eine kombinierte Vitamin-Protein-Mangelkrankheit, so daß Thiamin allein nicht alle Symptome beseitigen kann.

Reiner Thiaminmangel beim Menschen führt zu Gewichtsverlust, Anorexie, Herabsetzung der Magensaftsekretion, Herzbeschwerden bei geringsten Anstrengungen, Wadenkrämpfen, schlaffen Muskellähmungen als Ausdruck von Degenerationen des zentralen und peripheren Nervensystems, sowie zu psychischer Labilität (Konzentrationsschwäche, Reizbarkeit, Depressionen). Zur Erklärung gelegentlicher Oxalurie bei Thiaminmangel siehe Diskussion der Oxalsäurebildung im Kapitel „Pyridoxin".

Bei der Beri-Beri-Erkrankung findet man darüberhinaus eine Hypotonie, rechtsdilatiertes Herz und zuweilen ein hydropisches Syndrom mit Ödemen und Ergüssen in serösen Höhlen. Während das hydropische Syndrom im wesentlichen eine Folge des Mangels an hochwertigem Protein ist, das neuropathische Syndrom vor allem auf den Thiaminmangel zurückzuführen ist, tritt das kardiovasculäre Syndrom offensichtlich als Folge des gleichzeitigen Mangels an beiden Nahrungsbestandteilen auf.

Aus der biochemischen Funktion des Thiamins wird verständlich, daß man bei Thiaminmangel — manchmal erst nach Glucosebelastung — erhöhte Spiegel an Pyruvat und Lactat in Blut und Geweben findet. Bedenkt man ferner, daß das Nervensystem seinen Energiebedarf überwiegend aus der Glucoseverwertung deckt, so kann man sich auch die besondere Anfälligkeit dieses Gewebes gegen Thiaminmangel erklären. Andererseits bestehen für die vielfach geäußerte Behauptung, der Thiaminbedarf nehme mit dem Kohlenhydratgehalt der Nahrung zu, keine biochemischen Grundlagen, da die Coenzyme bei ihrer Wirkung nicht „verbraucht" werden. Es wird vielmehr so sein, daß latente Thiaminmangelzustände bei hoher Belastung mit Kohlenhydraten deutlicher sichtbar werden, z.B. am Anstieg von Pyruvat und Lactat.

Thiaminmangelzustände bei Alkoholikern sind die Folge gestörter Resorption.

Als biochemischer Parameter für die Beurteilung der Thiaminversorgung eignet sich die Transketolaseaktivität der Erythrocyten bzw. deren Aktivierbarkeit durch Thiaminpyrophosphat: Bei Thiaminmangel ist die Transketolaseaktivität geringer und ihre Stimulierung durch Zusatz von Thiaminpyrophosphat größer als bei ausreichender Versorgung.

Wünschenswerte Zufuhr:
Die Empfehlungen des U.S. Food and Nutrition Board sind in Tab. 9 zusammengefaßt:

Tab. 9    Wünschenswerte Höhe der Thiamin-Zufuhr
(Recommended Dietary Allowances, revised 1974)

|  | Alter (Jahre) | Zufuhr (mg/Tag) |
|---|---|---|
| Kinder | bis 1/2 | 0,3 |
|  | 1/2–1 | 0,5 |
|  | 1–3 | 0,7 |
|  | 4–6 | 0,9 |
|  | 7–10 | 1,2 |
| Männer | 11–14 | 1,4 |
|  | 15–22 | 1,5 |
|  | 23–50 | 1,4 |
|  | > 51 | 1,2 |
| Frauen | 11–14 | 1,2 |
|  | 15–23 | 1,1 |
|  | > 24 | 1,0 |

Während der Schwangerschaft und Stillperiode werden zusätzliche 0,3 mg empfohlen.

Die Deutsche Gesellschaft für Ernährung empfiehlt etwas höhere Zufuhren mit 1,6 mg für männliche und 1,4 mg für weibliche Erwachsene.

## 3.2. Riboflavin

Riboflavin (Vitamin $B_2$) wurde aus Milch isoliert und deshalb sowie wegen seiner gelben Farbe zuerst als Lactoflavin bezeichnet. Das Vitamin ist ein Ribitylderivat des Isoalloxazins; die neuere Bezeichnung deutet auf den Ribitanteil hin:

Riboflavin ist in neutraler und saurer Lösung ziemlich hitzebeständig, dagegen unbeständig in alkalischer Lösung und lichtempfindlich. Die Wasserlöslichkeit ist gering (zwischen 7 und 30 mg/100 ml), so daß für konzentriertere Lösungen zu medizinischen Zwecken Lösungsvermittler oder wasserlöslichere Derivate angewandt werden müssen.

Den wesentlichen Beitrag für die Riboflavinzufuhr mit der Nahrung liefern Milch, Innereien, Fleisch, aber auch Getreide, Kartoffeln und Blattgemüse.

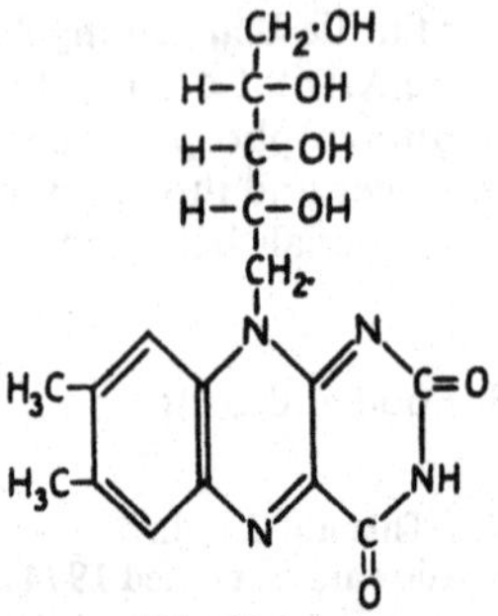

**Riboflavin**
(6,7−Dimethyl−9−(D−1'−ribityl)−isoalloxazin)

Die Wirkform des Riboflavins ist Flavinmononucleotid (FMN, Riboflavinphosphat) und Flavin-Adenin-Dinucleotid (FAD). Beide sind Coenzyme bzw. prosthetische Gruppen von wasserstoffübertragenden Flavinenzymen.

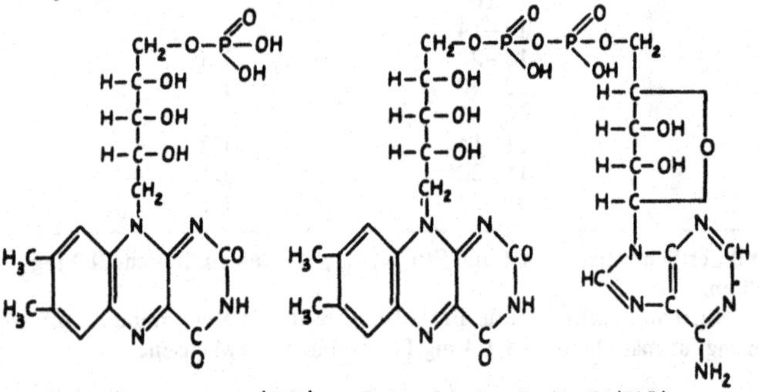

Riboflavin−5'−phosphorsäure(FMN)     Flavin−Adenin−dinukleotid (FAD)

FMN und FAD werden im Darm zum Teil dephosphoryliert bzw. gespalten. Während der Resorption in den Mucosazellen, aber auch in der Leber und anderen Geweben erfolgt die Phophorylierung durch Riboflavinkinase:

Riboflavin + ATP ⟶ FMN + ADP

Die Umwandlung in FAD erfolgt dann durch FMN-Adenylyl-transferase:

FMN + ATP ⇌ FAD + PP

Die Aufspaltung erfolgt durch Umkehr dieser Reaktion und der Phosphatrest kann durch unspezifische Phosphatasen beseitigt werden. Als Ausscheidungsprodukte im Harn findet man neben Riboflavin und Riboflavinphosphat auch Metabolite mit ganz oder teilweise abgespaltener Ribitylseitenkette. Solche Produkte können auch durch die Tätigkeit der Darmbakterien entstehen.

Die biologische Halbwertszeit von Riboflavin beträgt nach physiologischen Dosen bei der Ratte durchschnittlich 16 Tage.

Flavinenzyme sind Oxidoreductasen und katalysieren eine Vielzahl von Dehydrierungsreaktion, so z.B. die Dehydrierung und Desasminierung von D-Aminosäuren und Aminen, die Dehydrierung von $\alpha$-Hydroxysäuren, Aldehyden, gesättigten Kohlenwasserstoffketten, Purinen, Chinonen, Pyridinnucleotiden und Dihydrolipoinsäure. Manche Flavinenzyme enthalten auch Metalle. Einige Beispiele für Flavinenzyme zeigt Tab. 10.

Tab. 10  Beispiele für Flavinenzyme im tierischen Organismus

| Trivialname | System-Nr. | Coenzym | Metall |
|---|---|---|---|
| Aldehydoxidase | 1.2. 3.1 | FAD | Fe, Mo |
| Xanthinoxidase | 1.2. 3.2 | FAD | Fe, Mo |
| Acyl-CoA-Dehydrogenase | 1.3.99.3 | FAD | |
| Succinat-Dehydrogenase | 1.3.99.1 | FAD | Fe |
| D-Aminosäureoxidase | 1.4. 3.2 | FAD | |
| Monoaminoxidase | 1.4. 3.4 | FAD | Cu |
| Diaminoxidase | 1.4. 3.6 | FAD | |
| NADH-Cytochrom c-Reductase | 1.6. 2.1 | FMN | Fe |
| Glutathionreductase | 1.6. 4.2 | FAD | |
| Lipoamiddehydrogenase | 1.6. 4.3 | FAD | |

Eine Reihe von Flavinenzymen hat über Ubichinon Anschluß an die Atmungskette; andere sind autoxydabel, d.h. sie können direkt mit Sauerstoff reagieren unter Bildung von $H_2O_2$.

Die Festigkeit der Bindung der Flavincoenzyme an das Apoenzym ist sehr unterschiedlich. Grundsätzlich handelt es sich bei den Flavinenzymen nicht um frei dissoziable Verbindungen wie bei den NAD- oder NADP-abhängigen Dehydrogenasen. Während aber beispielsweise durch Erniedrigung des pH-Werts und hohe Ammoniumsulfatkonzentration FAD aus der D-Aminosäureoxidase leicht abgespalten und bei Änderung der Bedingungen reversibel wieder mit dem Apoenzym vereinigt werden kann, ist FAD bei den mitochondrialen Flavinenzymen wie Succinatdehydrogenase oder Monaminoxidase kovalent ans Protein gebunden und kann nur unter Zerstörung des Proteins abgespalten werden.

In den Zellen liegt der größte Anteil an Riboflavin (durchschnittlich 75−90%) in gebundener Form in den Flavoproteinen vor. Überschüssig zugeführtes Riboflavin kann deshalb auch nicht gespeichert werden, wenn kein Überschuß an Apoproteinen mehr vorliegt. Umgekehrt nimmt der Riboflavinbestand des Organismus ab, wenn infolge Proteinmangels die Menge an Apoprotein absinkt.

Flavincoenzyme haben im oxydierten Zustand eine gelbe Farbe und werden bei Reduktion entfärbt:

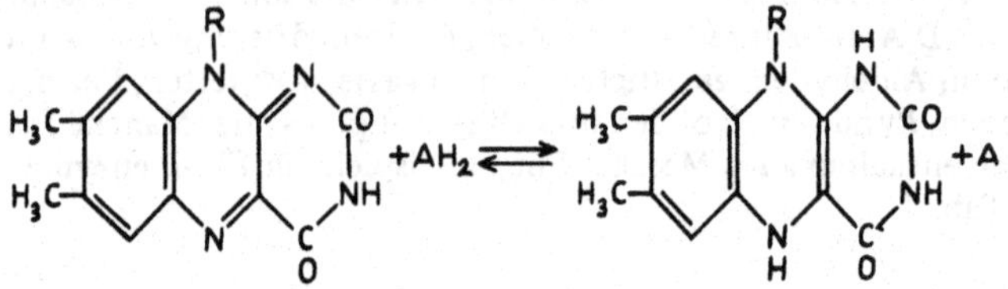

Oxidiertes Flavinenzym        Hydriertes Flavinenzym
      (gelb)                        (farblos)

Die zentrale Rolle der Flavinenzyme im oxidativen Stoffwechsel macht es verständlich, daß bei Riboflavinmangel schwere Störungen an verschiedenen Geweben auftreten:

Neben einer allgemeinen Wachstumsstörung findet man insbesondere Anämie, Degeneration des Nervengewebes, Vaskularisierung der Cornea mit Fremdkörpergefühl, Katarakt, Dermatitis, Sistieren des Sexualcyclus. Bei Mangel während der Schwangerschaft findet man häufig Störungen der Embryonalentwicklung mit Mißbildungen wie Hasenscharten, Gaumenspalten, Syndaktylie u.a.

Die Ursachen für die unter Riboflavinmangel entstehende Anämie sind noch nicht geklärt. Es wird diskutiert, daß möglicherweise Riboflavin für die Synthese oder für die Wirkung von Erythropoietin benötigt wird.

Schwere Riboflavinmangelzustände kommen unter den Lebensbedingungen der hochentwickelten Länder sehr selten vor.

Dagegen findet man häufig leichte Ariboflavinosen, die gekennzeichnet sind durch Mundwinkelrhagaden (Cheilosis), Atrophie der Zungenschleimhaut, Rötung und Schuppenbildung der Haut um Augenwinkel und Nasiolabialfalten und eine Dystrophie der Fingernägel, die glanzlos und brüchig werden. Ursache solcher Mangelzustände ist seltener eine zu geringe Zufuhr mit der Nahrung, als mangelhafte Resorption infolge verschiedener Störungen im Magen-Darm-Trakt.

Auch Leberkrankheiten können zu Riboflavinmangelerscheinungen führen.

Über die Höhe der wünschenswerten Zufuhr orientiert Tab. 11.

Tab. 11 Wünschenswerte Höhe der Riboflavinzufuhr
Recommended Dietary Allowances, Revised 1974)

|  | Alter (Jahre) | Zufuhr (mg/Tag) |
|---|---|---|
| Kinder | bis 1/2 | 0,4 |
|  | 1/2−1 | 0,6 |
|  | 1−3 | 0,8 |
|  | 4−6 | 1,1 |
|  | 7−10 | 1,2 |
| Männer | 11−14 | 1,5 |
|  | 15−22 | 1,8 |
|  | 23−50 | 1,6 |
|  | > 51 |  |
| Frauen | 11−14 | 1,3 |
|  | 15−22 | 1,4 |
|  | 23−50 | 1,2 |
|  | > 51 | 1,1 |

Zusätze: Für Schwangerschaft 0,3 mg/Tag und für Lactation 0,5 mg/Tag.

Die Empfehlungen der Deutschen Gesellschaft für Ernährung liegen geringfügig höher. Bei dieser Zufuhr ist eine Sättigung der Gewebe gewährleistet, so daß höhere Zufuhren zu einem raschen Anstieg der Ausscheidung im Harn führen.

Die Ausscheidung an Riboflavin im Harn liegt normalerweise zwischen 0,25 und 0,80 mg/Tag. Sinkt sie unter 0,2 mg/Tag ab, so ist der Verdacht einer unzureichenden Versorgung gegeben. Riboflavinmangelzustände können verifiziert werden durch Bestimmung des Riboflavingehalts der Erythrocyten (normalerweise um 22 $\mu$g/100 g) oder − leichter durchzuführen − durch Bestimmung der Glutathionreductase-Aktivität in Erythrocyten bzw. ihrer Aktivierbarkeit durch FAD.

## 3.3. Nicotinsäure, Nicotinamid

Nicotinsäure und Nicotinamid sind in gleicher Weise als Vitamin wirksam:

Nicotinsäure          Nicotinamid

Beide Verbindungen sind sehr stabil, so daß Verluste beim Kochen fast ausschließlich auf Extraktion ins Kochwasser zurückzuführen sind.

Bereits 1914 postulierte *Goldberger* als Ursache für die Pellagra das Fehlen eines Nahrungsfaktors. Als es ihm schließlich gelang, Pellagra durch Hefe zu heilen, wurde das wirksame Prinzip bis zu seiner chemischen Identifizierung „PP-Faktor" (pellagra preventing factor) genannt. Besonders reich an Nicotinamid (vor allem in Coenzym-Form) sind Innereien und Fleisch. Pflanzliche Nahrungsmittel enthalten geringere Mengen. Unter den Getreidearten liegt Weizen an der Spitze. Aber die in Getreide vorliegende Nicotinsäure wird schlecht ausgenutzt, da sie zum großen Teil in Peptid-gebundener Form als „Niacytin" vorliegt, welches für den menschlichen Organismus unverwertbar ist.

Durch Alkalien kann Nicotinamid aus Niacytin freigesetzt werden. So ist es zu verstehen, daß in zentralamerikanischen Gebieten, in denen Getreide mit niedrigem Nicotinsäuregehalt über 80% der Nahrungsmittel ausmachen, verhältnismäßig selten Mangelerscheinungen vorkommen, weil Getreide dort bei der Herstellung von Tortillas mit Calciumhydroxyd vorbehandelt wird. Größere Mengen an Nicotinsäure enthält Bohnenkaffee, weil Trigonellin − ein Bestandteil der Kaffeebohne − beim Röstprozeß zum großen Teil zu Nicotinsäure demethyliert wird. Eine Tasse enthält 1−2 mg Nicotinsäure, so daß Kaffeetrinker einen beträchtlichen Anteil ihres Vitaminbedarfs mit diesem Getränk decken.

Eine weitere wichtige Vorstufe für die Coenzym-Form von Nicotinamid ist L-Tryptophan. So kommt es, daß der Vitaminbedarf auch von der Tryptophanzufuhr abhängt.

Pellagra tritt vorwiegend in Ländern auf, wo bei sonst ärmlicher Ernährung in erster Linie Mais verzehrt wird. Die Pellagra ist kein reiner Nicotinamid-Mangel, sondern eine kombinierte Vitaminmangelkrankheit. Bei einseitiger Ernährung mit Mais spielt offensichtlich auch die ungünstige Aminosäurezusammensetzung eine Rolle, die wahrscheinlich zu einer schlechteren Verwertung von Tryptophan führt. Folgende Beobachtungen sprechen dafür, daß besonders das hohe Verhältnis von Leucin zu Tryptophan bei der Entwicklung der Pellagra eine Rolle spielt:

Man findet Pellagra auch sehr verbreitet in Indien bei einer Bevölkerung, die sich vorwiegend von einer Hirse-Art (Sorghum vulgare) ernährt, die mit Mais einen hohen Gehalt an Leucin gemeinsam hat;

bei Hunden kann man durch hohen Leucinzusatz zur Diät die Symptome einer Pellagra auslösen, die nach Absetzen von Leucin wieder verschwinden;

auch beim Menschen hat die zusätzliche Verabreichung von täglich 10 g Leucin eine Einschränkung der NAD-Synthese zur Folge und verursacht die typischen EEG-Veränderungen und psychotischen Erscheinungen der Pellagra.

In diesem Zusammenhang ist es wichtig, daß man inzwischen Maissorten züchten kann, die einen geringeren Gehalt an Leucin haben.

Die Wirkformen von Nicotinamid sind die beiden Codehydrogenasen Nicotinamid-Adenin-Dinucleotid (NAD) und Nicotinamid-Adenin-Dinucleotid-Phosphat (NADP).

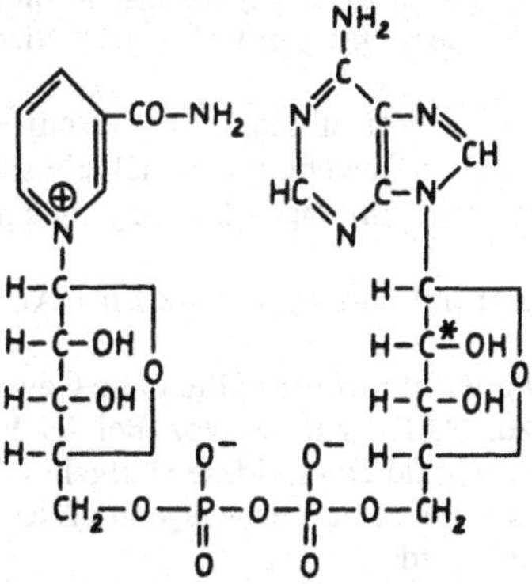

NAD

Am 2'-C-Atom (C*) ist der Phosphorsäurerest von NADP verestert.

Für die Biosynthese von NAD aus Nicotinsäure (NS) bzw. aus Nicotinamid (NA) existieren 3 Wege:
1. Der nach *Preiss* und *Handler* benannte Weg von Nicotinsäure ausgehend:
   NS + PRPP → NS-Mononucleotid + PP
   NS-Mononucleotid + ATP → NS-Adenin-Dinucleotid + PP
   NS-Adenin-Dinucleotid + Glutaminat + ATP → NAD + AMP + + PP + Glutamat
   (PRPP = Phosphoribosylpyrophosphat; PP = Pyrophosphat)
2. Der Nicotinamid-Weg:
   NA + PRPP → NA-Mononucleotid + PP
   NA-Mononucleotid + ATP → NAD + PP
3. Die Biosynthese aus L-Tryptophan über Chinolinsäure:
   Tryptophan → 3-Hydroxyanthranilsäure → 2-Amino-3-carboxy-muconsäure-6-semialdehyd → Chinolinsäure.
   Chinolinsäure + PRPP → Chinolinsäuremononucleotid + PP.
   Chinolsäuremononucleotid → NS-Mononucleotid + $CO_2$.
   Weiter wie bei 1.
Beim Menschen ist die Umwandlungsrate von Tryptophan in NAD so, daß 60 mg L-Tryptophan etwa 1 mg Nicotinamid ersetzen können (Niacinäquivalent).
Die Biosynthese von NADP erfolgt durch Phosphorylierung von NAD mittels einer NAD-Kinase und ATP.

43

Zur Spaltung von NAD gibt es 2 Möglichkeiten:

NAD-Pyrophosphatase spaltet die Pyrophosphatbindung unter Bildung der beiden Mononucleotide;

NAD-Glycohydrolase spaltet die N-glycosidische Bindung zwischen Nicotinamid und Ribose. Dieses Enzym wird durch Nicotinamid gehemmt.

Aus der unterschiedlichen Verteilung dieser verschiedenen Stoffwechselwege auf verschiedene Gewebe ergibt sich ein sinnvoller Zusammenhang, welcher der gleichmäßigen Versorgung der Gewebe mit NAD dient (Abb. 6):

Chinolinsäure kann nur in Leber und Niere zur NAD-Synthese verwertet werden.

Mit Ausnahme von Leber und Niere ziehen alle Gewebe Nicotinamid der Nicotinsäure zur NAD-Synthese vor. Bei der Verdauung wird Nicotinamid durch Nicotinamid-Desamidase weitgehend zu Nicotinsäure aufgespalten, die der Leber als überwiegende NAD-Vorstufe mit dem Portalblut angeboten wird.

Leber und Niere sezernieren durch Wirkung der NAD-Glycohydrolase Nicotinamid ins Blut zur Versorgung der anderen Organe.

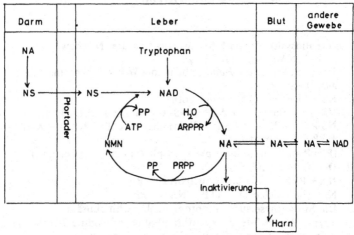

Abb. 6:   Der NAD-Haushalt.
Nach *H. Grunicke* et al.: Advances in Enzyme Regulation (*G. Weber* ed.) (**12**, 397, Oxford, New York 1974).

Die Desamidierung von Nicotinamid zu Nicotinsäure spielt in den Geweben keine Rolle, da die Michaeliskonstante der Desamidase für Nicotinamid 0,1 M beträgt, während die Gewebskonzentrationen an Nicotinamid zwischen $10^{-5}$ und $10^{-4}$ M liegen.

Während für die NAD-Synthese aus Nicotinsäure keine Kontrolle bekannt ist, unterliegt der Nicotinamid-Weg einer Regulation durch feedback-Kontrolle der Nicotinamid-Phosphoribosyltransferase durch NAD, NADP und NADPH bei deren normalen intracellulären Konzentrationen.

Als hauptsächliches Inaktivierungs- und Ausscheidungsprodukt von Nicotinamid wird im Harn $N^1$-Methylnicotinamid gefunden. Daneben gibt es eine Reihe anderer Metabolite wie Nicotinamid-N-oxid, N-Methyl-4-pyridon-3-carboxamid, N-Methyl-2-pyridon-5-carboxamid und Nicotinursäure. Eine exakte Bilanz ist wegen der Vielzahl der Ausscheidungsprodukte schwierig. Bei Vitaminmangel sinkt die Ausscheidung an Nicotinamid und $N^1$-Methylnicotinamid ab. Ist der Pool an Nicotinamid-Coenzymen aufgefüllt, so steigt beim Menschen bei weiterer Vitaminzufuhr vor allem die Ausscheidung an N-Methyl-2-pyridon-5-carboxamid an, welches dann zum Hauptmetaboliten wird.

Zahlreiche Dehydrogenasen arbeiten mit NAD oder NADP als Coenzym. Die oxydierten und reduzierten Pyridinnucleotide NAD und NADP bilden mit den entsprechenden Dehydrogenasen wie Substrate frei dissoziable Komplexe. Sie können daher Wasserstoff zwischen verschiedenen Enzymsystemen übertragen (z.B. Dismutation der Glykolyse: Bei der Triosephosphatdehydrierung reduziertes NAD wird durch Lactatdehydrogenase wieder reoxydiert unter Bildung von Lactat aus Pyruvat). *Bücher* hat deshalb für diese Art von Coenzymen die Bezeichnung „Transportmetabolite" vorgeschlagen, die sich allerdings nicht durchgesetzt hat. Zwischen dem NAD- und dem NADP-System bestehen grundsätzliche funktionelle Unterschiede:

NAD-abhängige Dehydrogenasen findet man vorwiegend im mitochondrialen Raum; hier ist das NAD-System überwiegend oxydiert; die Hauptaufgabe ist Wasserstoffzulieferung an die Atmungskette zwecks Oxidation und Energiegewinnung. NADP-abhängige Dehydrogenasen findet man überwiegend im Cytosol; dieses System ist stärker reduziert; seine Hauptaufgabe ist die Lieferung von Wasserstoff für reduktive Biosynthesen (Fettsäuresynthese, Cholesterinsynthese, Hydroxylierungen usw.). Die wichtigsten Lieferanten für cytoplasmatisches NADPH sind die beiden Dehydrogenasen des Pentosephosphat-shunts; Glucose-6-phosphat-Dehydrogenase und 6-Phosphogluconat-Dehydrogenase, ferner die NADP-abhängige Isocitratdehydrogenase sowie eine Transhydrogenierung von NADH auf NADP durch Koppelung von Malatdehydrogenase und malic enzyme:

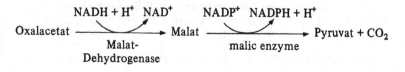

45

Der Substratwasserstoff wird in folgender Weise auf die Pyridin-nucleotide übertragen:

.Symbole : NAD$^+$      NADH + H$^+$

Der Wasserstoff, der an den Ring geht, wird mit einem Elektronen-paar als Hydridion (H$^-$) übertragen. Der andere ergibt dafür ein Proton (H$^+$). Daher ist das Gleichgewicht von Pyridinnucleotid-abhängigen Dehydrogenase stark pH-abhängig, wovon man bei enzymatischen Substratbestimmungen Gebrauch machen kann.

Die Tatsache, daß reduzierte Pyridinnucleotide im Gegensatz zu den oxydierten eine starke Lichtabsorption bei 340 nm zeigen, ist die Grundlage der optischen Tests zur Bestimmung von Enzymaktivitäten und Substratkonzentrationen.

Die Symptome des Mangels an Nicotinamid betreffen vor allem Haut, Verdauungstrakt und Nervensystem.

An der Haut findet man eine Dermatitis und Pigmentierungen insbesondere an den Stellen, die dem Licht ausgesetzt sind: Gesicht, Nacken, Vorderarme, Handrücken. Von diesen Veränderungen hat die Pellagra ihren Namen (= rauhe Haut).

Im Bereich des Verdauungstrakts findet man Glossitis (beim Hund Schwarzzungenkrankheit), Durchfälle, Erbrechen.

Von seiten des Nervensystems findet man Erscheinungen wie Schmerzen in den Extremitäten, gestörten Gang, psychische Veränderungen wie Depressionen, Verwirrungszustände, Haluzinationen und Veränderungen im EEG.

In den wohlhabenden Ländern findet man Pellagra-Symptome hauptsächlich in Verbindung mit chronischem Alkoholismus, Leber-cirrhose oder chronischen Diarrhöen.

Tab. 12 orientiert über die wünschenswerte Zufuhr an Nicotinamid:

Tab. 12  Wünschenswerte Höhe der Nicotinamid-Zufuhr
(Recommended Dietary Allowances, Revised 1974

|  | Alter (Jahre) | Zufuhr (Niacin-äquivalente pro Tag) |
|---|---|---|
| Kinder | bis 1/2 | 5 |
|  | 1/2−1 | 8 |
|  | 1−3 | 9 |
|  | 4−6 | 12 |
|  | 7−10 | 16 |
| Männer | 11−14 | 18 |
|  | 15−20 | 20 |
|  | 23−50 | 18 |
|  | > 51 | 16 |
| Frauen | 11−14 | 16 |
|  | 15−22 | 14 |
|  | 23−50 | 13 |
|  | > 51 | 12 |

Zuschläge für Schwangerschaft 2 und für Lactation 4 Niacinäquiva-lente/Tag. 1 Niacinäquivalent entspricht 1 mg Nicotinsäure bzw. Nico-tinamid oder 60 mg L-Tryptophan.

Die Empfehlungen der Deutschen Gesellschaft für Ernährung liegen geringfügig niedriger.

Als Test für die Beurteilung der Vitaminversorgung eignet sich die Ausscheidung von $N^1$-Methylnicotinamid (normal 7−10 mg/Tag), die schon bei latentem Mangel abnimmt.

## 3.4. Pyridoxin

Unter der Bezeichnung Pyridoxin oder $B_6$-Gruppe werden drei Ver-bindungen zusammengefaßt, welche die gleiche Vitaminwirksamkeit haben, weil sie im Stoffwechsel rasch gegenseitig ineinander umgewan-delt werden können:
Pyridoxol, Pyridoxal und Pyridoxamin.

Diese Vitamine werden in neutraler und alkalischer Lösung durch Lichteinwirkung rasch zerstört; in saurer Lösung sind die Veränderun-gen nur gering. Während Pyridoxol und Pyridoxamin gegen Hitze weit-gehend stabil sind, ist Pyridoxal gegen starke Hitze empfindlich.

Die Vitamine der $B_6$-Gruppe sind in Lebensmitteln weit verbreitet. Während tierische Produkte vor allem Pyridoxal und Pyridoxamin ent-halten, überwiegt in Pflanzen Pyridoxol. Besonders gute Quellen sind Leber und Fleisch, der $B_6$-Gehalt von Milch ist dagegen relativ gering.

Unter pflanzlichen Nahrungsmitteln liefern Cerealien, Kartoffeln und verschiedene Blattgemüse einen Beitrag.

Die Wirkform dieser Vitamine ist Pyridoxalphosphat. Es entsteht durch Phosphorylierung von Pyridoxal mittels ATP unter der Wirkung von Pyridoxalkinase. Diese Kinase vermag auch Pyridoxol und Pyridoxamin zu phosphorylieren. Ein Flavinenzym (besonders aktiv in der Leber) oxidiert Pyridoxol und Pyridoxolphosphat sowie Pyridoxamin und Pyridoxaminphosphat zu Pyridoxal bzw. Pyridoxalphosphat:

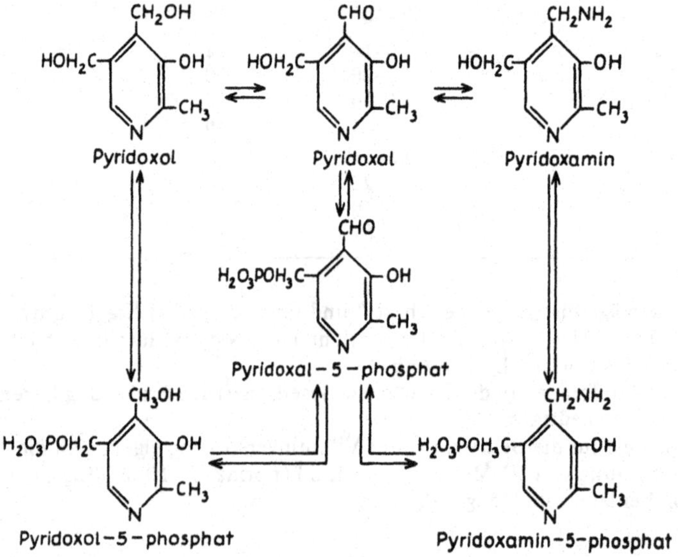

Die Phosphorsäureester können durch uhspezifische Phosphatasen dephosphoryliert werden. Pyridoxal wird durch Aldehydoxidase zu Pyridoxinsäure (4-Pyridoxsäure) oxidiert, die keine Vitaminwirksamkeit mehr besitzt und das Hauptausscheidungsprodukt ist.

Pyridoxalphosphat ist Coenzym einer großen Reihe von Enzymen, die fast ausschließlich den Aminosäurestoffwechsel betreffen:

1. Coenzym aller bekannten L-Aminosäure-Transaminasen:

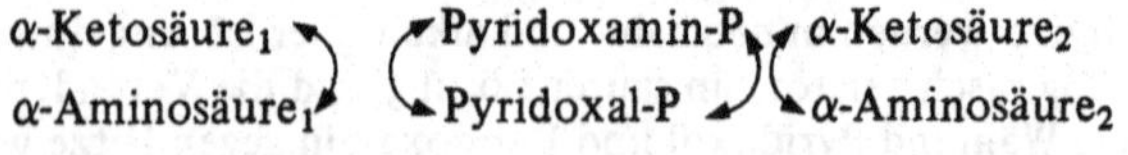

2. Coenzym aller bekannten L-Aminosäure-Decarboxylasen (Die Aminosäure-Decarboxylierung führt zu biologisch aktiven Aminen).

3. Coenzym einer Reihe von Aminosäure-Dehydratasen: Serin-Dehydratase (identisch mit Cystathionin-Synthetase)

Homoserin-Dehydratase (identisch mit Cystathionase)
Threonin-Dehydratase
Cystein-Desulfhydrase
4. Coenzym der Serinhydroxymethyltransferase
5. Coenzym der δ-Aminolaevulinsäure-Synthetase
6. Coenzym bei der Biosynthese von Sphingosin, bei der im ersten
   Schritt Palmital mit Serin unter dessen Decarboxylierung zu
   Dihydrosphingosin kondensiert wird.

Weiterhin enthält Glykogen-Phosphorylase Pyridoxalphosphat; hier hat es jedoch keine katalytische Funktion, sondern dient vermutlich zur Stabilisierung der Proteinkonformation.

Bei den durch Pyridoxalphosphat vermittelten Reaktionen von Aminosäuren wird als Ausgangsverbindung für den weiteren Umsatz eine *Schiff*'sche Base zwischen der Aldehydgruppe von Pyridoxalphosphat und der Aminogruppe der Aminosäure gebildet. Die dadurch bedingte Elektronenverschiebung vom α-Kohlenstoff der Aminosäure zum elektrophilen Ringstickstoff des Pyridoxalphosphats aktiviert die Aminosäure für weitere Reaktionen, z.B. Elimination des Restes R (Serinhydroxymethyltransferase), von $CO_2$ (Decarboxylasen) oder von α-Wasserstoff (Transaminasen).

Eine gesonderte Betrachtung erfordert die Beteiligung von Pyridoxalphosphat am Tryptophanstoffwechsel:

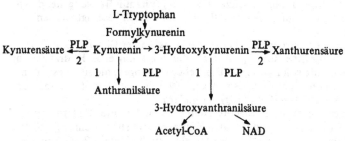

PLP = Pyridoxalphosphat
1 = Kynureninase
2 = Kynurenin-Ketoglutarat-Transminase

Bei Pyridoxinmangel ist Kynureninase früher und stärker gehemmt als die mitochondriale Kynurenin-Ketoglutarat-Transaminase. Deshalb kommt es zu Anhäufung und vermehrter Ausscheidung von Kynurenin, 3-Hydroxykynurenin und deren Transaminierungsprodukten Kynurensäure und Xanthurensäure.

Auch bei anderen Pyridoxalphosphat-abhängigen Enzymen kann man unterschiedliche Empfindlichkeit auf einen Pyridoxinmangel feststellen. So reagieren besonders empfindlich und frühzeitig neben der Kynureninase die Homoserin-Dehydratase, Cysteindesulfhydrase, Serin-

Dehydratase, Threonin-Dehydratase, Glutamat-Decarboxylase und 5-Hydroxytryptophan-Decarboxylase.

Die Kenntnisse der Vitamin $B_6$-Mangelerscheinungen gehen vor allem auf Beobachtungen an Versuchstieren zurück. Entsprechend der zentralen Funktion von Pyridoxalphosphat im Aminosäurestoffwechsel findet man Wachstumsstörungen, Störungen der Proteinsynthese mit Muskelatrophie, Thymusatrophie, Atrophie der Keimdrüsen und Störung der Lactation. Typisch ist eine Dermatitis, die an den stammfernen Regionen wie Extremitäten, Schwanz, Nase, beginnt (Akrodynie) und meist von einem Ödem des Coriums begleitet ist. Ferner findet man eine Anämie, die nicht auf Eisen anspricht mit hohen Eisenwerten im Plasma und in den Eisenspeichern (Hemmung der Hämsynthese auf der Stufe der Pyridoxalphosphat-abhängigen δ-Amino-laevulinsäure-Synthetase).

Von seiten des Nervensystems fallen Ataxien, Paresen, Krämpfe auf, sowie eine Entmyelinisierung peripherer Nerven. An diesen Erscheinungen dürften ursächlich beteiligt sein die gestörte Synthese von Sphingosin sowie die verringerte Bildung von Transmittersubstanzen (z.B. γ-Aminobuttersäure durch Glutamat-Decarboxylase oder Serotonin durch 5-Hydroxytryptophan-Decarboxylase).

Eindeutig auf Vitamin $B_6$-Mangel zurückzuführende Symptome konnten beim Menschen erst in jüngerer Zeit beobachtet werden. So fand man bei Säuglingen, die mit Milchpräparaten ernährt wurden, in welchen durch intensive Hitzebehandlung Vitamin $B_6$ weitgehend zerstört war, Krämpfe, die durch Pyridoxamin rasch beseitigt werden konnten.

Isonicotinsäurehydrazid (Isoniazid), das in der Chemotherapie der Tuberkulose eine Rolle spielt, führt durch Bildung eines Hydrazons zur Inaktivierung von Pyridoxal. Die Nebenwirkungen, die sich besonders im Auftreten einer Neuritis äußern, lassen sich durch große Dosen von Pyridoxin (150—450 mg/Tag) verhindern.

Weiterhin wurde beobachtet, daß Frauen, die unter Dauermedikation von Östrogenen oder oralen Kontrazeptiva stehen, einen gestörten Tryptophanstoffwechsel aufweisen, der durch Vitamin $B_6$-Gaben wieder normalisiert wird.

Bei Mensch und Versuchstieren kann es bei Pyridoxinmangel zu einer vermehrten Bildung und Ausscheidung von Oxalsäure kommen. Die Ursache dafür wird aus dem Schema in Abb. 7 ersichtlich.

Die Hauptvorstufe der endogenen Oxalsäurebildung ist Glyoxylsäure (Ascorbinsäure spielt eine untergeordnete Rolle). Glyoxylsäure kann aus verschiedenen Vorstufen entstehen. Unter verschiedenen Wegen zur Beseitigung von Glyoxylsäure spielt neben der Bildung von α-Hydroxy-β-ketoadipinsäure und Oxalsäure besonders die Transaminierung unter Bildung von Glycin eine Rolle, deren Gleichgewicht ganz auf der Seite von Glycin liegt. Ist dieser Weg bei Mangel an Pyridoxalphosphat eingeschränkt, so nimmt die Oxalsäurebildung entsprechend zu. Ganz ana-

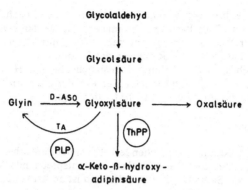

Abb. 7: Oxalsäurebildung und Vitamine
PLP = Pyridoxalphosphat; ThPP = Thiaminpyrophosphat D-ASO = D-Amino-säureoxidase; TA = Transaminase

log kann es auch bei Thiaminmangel zu gesteigerter Oxalurie kommen, weil die Bildung von $\alpha$-Hydroxy-$\beta$-ketoadipinsäure durch $\alpha$-Ketoglutarat-Glyoxylat-Carboligase abhängig von Thiaminpyrophosphat ist. (Ein genetischer Defekt der cytoplasmatischen Form dieses Enzyms ist die Ursache für die primäre Hyperoxalurie Typ I).

Tab. 13 Wünschenswerte Höhe der Zufuhr an Vitamin $B_6$
(Recommended Dietary Allowances, Revised 1974)

|  | Alter (Jahre) | (Zufuhr (mg/Tag) |
| --- | --- | --- |
| Kinder | bis 1/2 | 0,3 |
|  | 1/2−1 | 0,4 |
|  | 1−3 | 0,6 |
|  | 4−6 | 0,9 |
|  | 7−10 | 1,2 |
| Männer | 11−14 | 1,6 |
|  | 15−18 | 1,8 |
|  | > 18 | 2,0 |
| Frauen | 11−14 | 1,6 |
|  | > 14 | 2,0 |
| Während Schwangerschaft und Lactation |  | 2,5 |

Zur Beurteilung der Vitaminversorgung können folgende Tests herangezogen werden:
1. Die Aktivität der Glutamat-Oxalacetat-Transaminase in den Erythrocyten.

51

2. Die Ausscheidung von Vitamin $B_6$-aktivem Material nach Verabreichung von 25 mg Pyridoxal. Normalerweise werden etwa 50% der Dosis in 8 Stunden ausgeschieden. Bei Vitaminmangel sinkt die Ausscheidung infolge Retention des Vitamins.
3. Die Vermehrung der Xanthurensäureausscheidung im Harn nach Belastung mit 5 g L-Tryptophan (oder 10 g der DL-Form), die normalerweise unter 30 mg in 24 Stunden liegt.

## 3.5. Pantothensäure

Als Vitamin ist die rechtsdrehende D-Form der Pantothensäure wirksam. Beim Tier und Menschen kann der entsprechende Alkohol, Pantothenol, zur Säure oxydiert werden und ist deshalb auch als Vitamin wirksam.

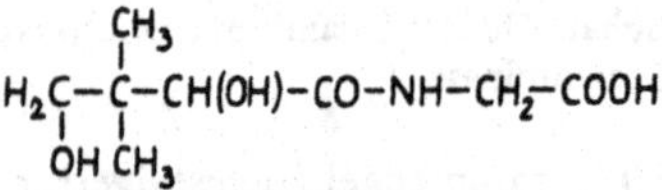

Pantothensäure

Pantothensäure ist in neutraler Lösung ziemlich beständig, wird aber in saurer oder alkalischer Lösung, vor allem in der Hitze durch Spaltung der Säureamidbindung zerstört. Pantothensäure ist in der belebten Natur weit verbreitet und kommt in allen tierischen Geweben und Pflanzen vor. Die Wirkform der Pantothensäure ist das Coenzym A:

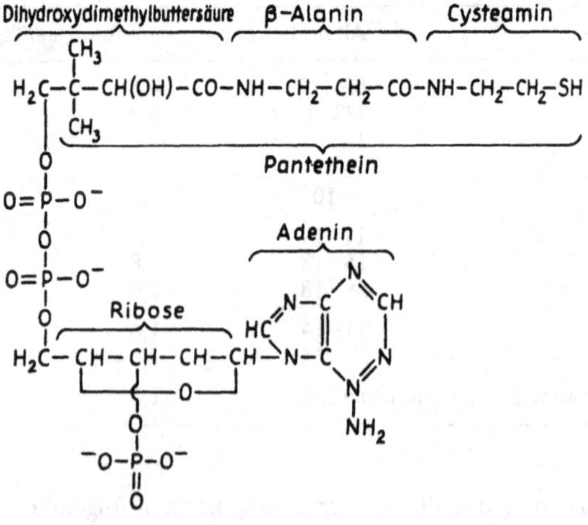

In Form des Coenzyms wird das Vitamin hauptsächlich mit der Nahrung aufgenommen. Bei der Verdauung erfolgt die Aufspaltung in

Pantothensäure, die resorbiert wird. Die Biosynthese des Coenzyms verläuft in folgenden Schritten:

Pantothensäure + Cystein $\xrightarrow{\text{ATP}}$ Pantothenylcystein

$$\text{Pantothenylcystein} \xrightarrow[\quad]{B_6 \;\longrightarrow\; CO_2} \text{Pantethein}$$

$$\text{4-Phosphopantethein} \xleftarrow{\;\;ATP \quad ADP\;\;} \text{Pantethein}$$

$$\text{Dephospho-Coenzym A} \xrightarrow[\quad]{\;\;ADP \quad ATP\;\;} \text{Coenzym A}$$

(mit PP / ATP Schritt von Phosphopantethein zu Dephospho-Coenzym A)

Die SH-Gruppe des Cysteaminrests ist die reaktive Gruppe des Coenzyms (deshalb Abkürzung CoA-SH), mit der es S-Acylverbindungen mit hohem Gruppenübertragungspotential — „aktivierte Verbindungen" — zu bilden vermag. Auf diese Weise können Acylreste bei einer Vielzahl von Reaktionen übertragen werden. Der Name des Coenzyms stammt daher, daß es zuerst als Coenzym der Acetylierung entdeckt wurde.

Übersicht über Acyl-Coenzym-A-Verbindungen und ihre Reaktionen:

Acetyl-Coenzym A: Übertragung von Acetylresten unter Reaktion

    a) der Carboxylgruppe:

      Bildung von Estern wie Acetylcholin aus Cholin

      Acetylierung von Aminen, Aminozuckern, Arzneimitteln u.a. (Säureamidbildung)

    b) der Methylgruppe:

      Synthese von Citronensäure aus Oxalacetat und Acetyl-CoA

      Synthese von $\beta$-Hydroxy-$\beta$-methylglutaryl-CoA aus Acetyl-CoA und Acetacetyl-CoA als Teilschritt der Ketogenese und der Cholesterinsynthese.

Höhere Acyl-CoA-Derivate:

Fettsäuren zur Acylierung bei der Triglycerid- oder Phosphatidsynthese oder zur $\beta$-Oxidation;

Gallensäuren zur Paarung (Säureamidbindung) mit Taurin oder Glycin;

Benzoesäure zur Hippursäurebildung;

Bernsteinsäure zur Kondensation mit Glycin bei der Bildung von $\delta$-Aminolaevulinsäure (Porphyrinsynthese).

Die wichtigsten Mechanismen für die Bildung solcher aktivierter Acylderivate sind:

1. Durch Thiokinasen katalysierter Adenyltransfer und Austausch gegen Coenzym A:

    Fettsäure + ATP $\rightarrow$ Acyladenylat + PP

    Acyladenylat + CoA-SH $\rightleftharpoons$ Acyl-S-CoA + AMP.

2. Bildung im α-Ketosäureoxidasesystem (Pyruvatoxidase: Acetyl-CoA; α-Ketoglutaratoxidase: Succinyl-CoA; Abbau verzweigter Aminosäuren) durch Übertragung des Acylrestes von Lipoinsäure auf Coenzym A.

3. Coenzym A-Transfer durch Succinyl-CoA: 3-Ketosäure – CoA-Transferase, z.B. bei der Wiedereinschleusung der Acetessigsäure in den Stoffwechsel der nicht-hepatischen Gewebe: Succinyl-CoA + Acetacetat ⇌ Succinat + Acetacetyl-CoA

4. Die Thioklastische Spaltung der β-Ketoacyl-CoA-Verbindungen im Verlaufe der β-Oxidation der Fettsäuren.

Im Fettsäuresynthetase-Komplex liefert Phosphopantethein als prosthetische Gruppe die „zentrale" SH-Gruppe für die Bindung von Malonyl-CoA.

Unter den in Tierversuchen beobachteten Mangelerscheinungen fallen neben der Wachstumshemmung besonders auf:

Degeneration zentraler und peripherer Nervenbahnen mit Entmyelinisierung; Folgen: Ataxien und Lähmungen.

Fettige Degeneration von Leberzellen. Atrophie und Insuffizienz der Nebennierenrinde mit stark herabgesetzter Resistenz gegen Stress aller Art. Testesdegeneration.

Die Depigmentierung des Haar- und Federkleids ist ein komplexeres Phänomen, an dem mehrere Vitamine beteiligt sind. Es hat nicht mit dem Ergrauen des menschlichen Kopfhaars zu tun, das sich demzufolge auch durch Pantothensäure nicht beeinflussen läßt. Beim Menschen sind spontane Mangelerscheinungen wegen des weit verbreiteten Vorkommens des Vitamins in unseren Breiten unbekannt. Bei unterernährten Bevölkerungsteilen im fernen Osten gibt es als „burning feet-syndrom" Parästhesien, die auf Pantothensäuremangel zurückgeführt werden.

Durch Verabreichung des Pantothensäureantagonisten ω-Methylpantothensäure ist im Experiment bei Menschen ein Pantothensäuremangel erzeugt worden, bei dem es unter anderem zu Parästhesien, Reflexstörungen, Nebennierenrindeninsuffizienz und – biochemisch – zu herabgesetzter Fähigkeit zur Acetylierung von verabreichter p-Aminobenzoesäure kam.

Für die wünschenswerte Zufuhr können nur Schätzungen zugrundegelegt werden. Extrapoliert man aus dem Tierversuch, so kommt man auf Werte von 6–8 mg/Tag für Erwachsene. Für die Aufnahme mit der üblichen Ernährung ergeben sich Werte von 6–12 mg/Tag. Offensichtlich ist diese Menge ausreichend.

## 3.6. Biotin

Biotin wurde 1934 von *Kögl* aus Eidotter isoliert. Zu dieser Zeit war bereits bekannt, daß Ratten auf einer Diät von rohem Eiereiweiß als einziger Proteinquelle eine schwere Dermatitis mit Haarausfall bekommen. Diese Symptome verschwinden nach Behandlung mit einem hitzestabilen Faktor aus Hefe oder Leber, der deshalb den Namen Vitamin H (Haut) erhielt. Später fand man, daß Vitamin H mit Biotin identisch ist.

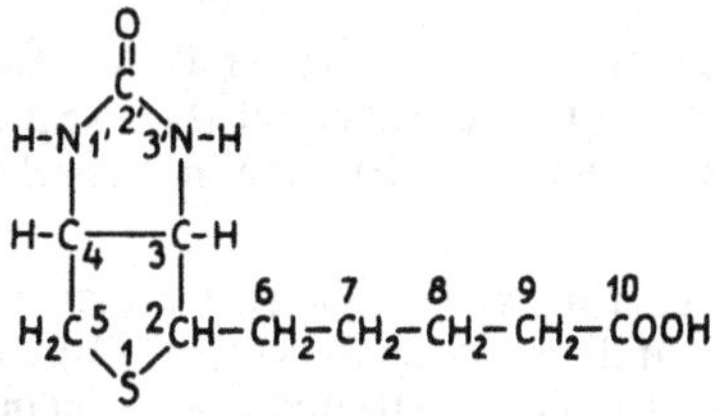

Biotin

In biologischem Material kommt Biotin vorwiegend gebunden an Eiweiß oder als Biocytin (Säureamid mit der $\epsilon$-Aminogruppe von Lysin, $\epsilon$-N-Biotinyl-Lysin) vor. Auch als Coenzym ist Biotin an einen Lysinrest der Apoenzyme gebunden.

Resorbiert wird freies Biotin. Der Verdauungstrakt enthält ein Biocytin-spaltendes Enzym.

Biotin findet sich in besonders hoher Menge in Leber und Niere. Muskelfleisch enthält geringere Mengen. Eier, einige Ceralien und Gemüse tragen ebenfalls zur exogenen Zufuhr bei.

Die Ursache für die Entwicklung eines Biotinmangels nach Verfütterung von rohem Eiereiweiß liegt darin, daß in diesem Material Aividin vorkommt. ein basisches Protein mit einem Molgewicht von 53100 und einer Bindungskapazität von 3 Molen Biotin pro Mol Avidin, welches Biotin fest bindet.

Enzyme des Verdauungstrakts können Biotin aus Avidin nicht abspalten. Erst durch längeres Erhitzen auf 100° denaturiert Avidin und der Komplex zerfällt.

Biotin wirkt als Coenzym von Carboxylasen. Die aktive Form von $CO_2$ wurde als 1'-N-Carboxybiotin identifiziert:

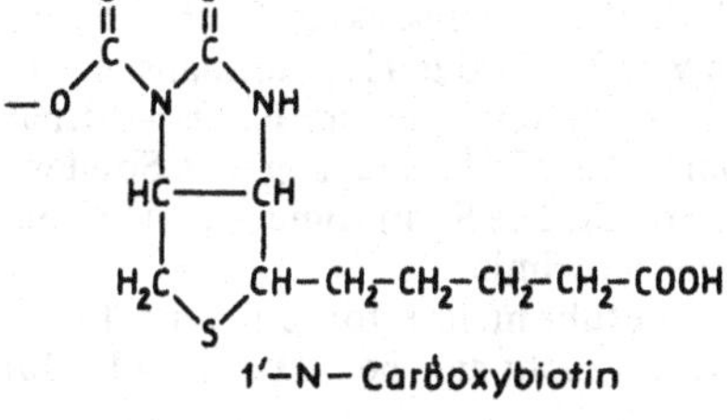

1'-N-Carboxybiotin

55

Die Bildung des aktiven Komplexes erfolgt unter Beteiligung von ATP aus Enzym-gebundenem Biotin und Bicarbonat:

$$ATP + HCO_3^- + Biotin\text{-}Enzym \xrightarrow{Mg^{++}} Carboxybiotin\text{-}Enzym + ADP + P$$

Carboxybiotin-Enzym + Acceptor → Biotin-Enzym + carboxylierter
Acceptor.

$\Delta F^\circ$ für die Spaltung der Bindung der aktiven Carboxylgruppe im Carboxybiotin-Enzym-Komplex beträgt $-4,7$ kcal/Mol.

Folgende Carboxylierungsreaktionen im tierischen Organismus sind Biotin-abhängig (15):

1. Die Carboxylierung von Propionyl-CoA zu Methylmalonyl-CoA; ein Schritt auf dem Weg zu Succinyl-CoA beim Abbau des $C_3$-Endes ungeradzahliger Fettsäuren, sowie beim Abbau von Valin und Isoleucin.
2. Die Carboxylierung von Acetyl-CoA zu Malonyl-CoA. Das Enzym, Acetyl-CoA-Carboxylase, ist ein Schrittmacherenzym bei der Fettsäuresynthese.
3. Die Carboxylierung von Methylcrotonyl-CoA zu $\beta$-Methylglutaconyl-CoA; ein Schritt beim Leucin-Abbau.
4. Die Carboxylierung von Pyruvat zu Oxalacetat. Pyruvatcarboxylase ist ein Schlüsselenzym der Gluconeogenese in Leber und Niere.

Als Symptome des Biotinmangels findet man bei Versuchstieren eine desquamative Dermatitis mit Haarausfall, progressive Paralyse und Störungen von Fortpflanzung und Lactation. Biochemisch findet man gestörte Gluconeogenese, verringerten Kaliumgehalt der Muskulatur und verringerten Ribonucleinsäuregehalt der Leber.

Beim Menschen entspricht die Ausscheidung im Harn etwa der Aufnahme mit der Nahrung. Die Ausscheidung im Kot ist dagegen um ein vielfaches höher, was auf eine erhebliche Biotinsynthese durch die Darmflora schließen läßt. Offensichtlich ist der Mensch aus diesem Grund auf die exogene Zufuhr nicht unbedingt angewiesen. Ein spontaner Biotinmangel ist deshalb beim Menschen nicht bekannt. Lediglich als Folge einer freiwilligen oder unfreiwilligen hohen Avidinzufuhr sind Mangelerscheinungen bekannt. Bei freiwilligen Versuchspersonen, die 30% ihrer Gesamtkalorien aus rohem Hühnereiweiß bestritten, zeigten sich nach 3–4 Wochen die charakteristischen Symptome. Nach Biotin-Injektionen von 75–300 $\mu$g/Tag normalisierten sich die Befunde im Laufe von 4 Tagen. Weiterhin ist der Fall eines Knaben bekannt, der wegen einer Poliomyelitis 27 Monate lang eine Sondennahrung mit täglich 6 rohen Eiern erhielt. Die Symptome waren Dermatitis, Haarverlust und Hypercholesterinämie.

Da eine exogene Zufuhr nicht erforderlich ist, lassen sich exakte Zahlen über den Bedarf nicht angeben. Die Ausscheidung an Biotin im

Harn liegt beim Menschen zwischen 50 und 100 $\mu$g/Tag. Im gleichen Bereich liegt der Biotingehalt einer gemischten Kost.

### 3.7. Folsäure-Gruppe

Folsäure (Pteroylglutaminsäure) enthält einen Pteridinring, p-Amino-benzoesäure und Glutaminsäure:

Folsäure (Pteroylglutaminsäure)

In der Natur kommt sie häufig in Form von Konjugaten vor, in denen mehrere Glutaminsäurereste (meist 3 oder 7) durch Peptidbindungen miteinander verknüpft sind. Bei der Verdauung werden diese Konjugate durch Konjugasen ($\gamma$-Glutamylcarboxypeptidase des Pankreassafts) aufgespalten. Freie Folsäure wird sehr rasch und vollständig resorbiert. Es gibt Hinweise darauf, daß auch Konjugate resorbiert werden können, wenn auch mit wesentlich geringerer Effizienz als Folsäure.

Unter den vielen Folsäurederivaten (siehe weiter unten) überwiegen in der Nahrung, besonders nach Erhitzen, $N^5$-Methyltetrahydrofolsäure und $N^{10}$-Formyltetrahydrofolsäure und ihre Konjugate. Daten über den Folsäuregehalt von Nahrungsmitteln sind schwer zu beurteilen, wenn nicht nähere Angaben über die Methode vorliegen, weil die zum mikrobiologischen Test verwendeten Mikroorganismen nicht auf allen Folsäurederivaten wachsen und sich in ihrer Spezifität unterscheiden. Möglicherweise sind auch nicht alle mikrobiologisch bestimmten Folsäure-aktiven Verbindungen beim Menschen wirksam oder verwertbar (16).

Der Gesamt-Folsäuregehalt von verschiedenen amerikanischen Ernährungsformen wurde zu 379−1097, im Mittel 689 $\mu$g/Tag bestimmt (17, 18). Es geht jedoch aus der Beschreibung der Methode nicht hervor, ob die labilen Verbindungen in allen Stadien der Aufarbeitung und Bestimmung geschützt wurden oder nicht.

Folsäure und ihre Derivate sind hitzeempfindlich und können durch UV-Licht zerstört werden. Wegen ihrer sehr guten Wasserlöslichkeit können je nach Zubereitungsbedingungen bis über 90% ins Kochwasser extrahiert werden.

Folsäure und ihre Derivate sind in der Natur weit verbreitet, sowohl in pflanzlichem wie auch in tierischem Material. Einen besonders hohen

Gehalt hat Leber. Insgesamt besteht eine gewisse Parallelität zwischen Protein- und Folsäuregehalt der Nahrung, so daß Proteinmangel häufig mit Folsäuremangel kombiniert ist.

Folsäure wird an Plasmaproteine gebunden. Im Bereich von 5 $\mu$g bis 3 mg/Liter liegen etwa 64% proteingebunden vor, so daß die renalen Verluste gering sind. Die Rückresorption in der Niere in der Größe von 0,03 $\mu$g/min wird nebensächlich, wenn der Plasmaspiegel 10$\mu$g/ Liter übersteigt. Angaben über die Konzentrationen von Folsäureverbindungen im menschlichen Plasma streuen sehr stark im Bereich von etwa 2–20 ng/ml.

Als hauptsächliches Stoffwechselprodukt der Folsäure wird Isoxanthopterin im Harn ausgeschieden.

Aufgabe der Folsäure ist die Übertragung von $C_1$-Resten im Stoffwechsel. Die Wirkform ist dabei Tetrahydrofolsäure, welche solche Reste aufnehmen und wieder abgeben kann. Die Reduktion von Folsäure zu Tetrahydrofolsäure (THF) erfolgt mit NADPH über Dihydrofolsäure (DHF). Das Enzym Dihydrofolat-Reductase katalysiert auch die Reduktion von Folsäure zu DHF, wenn auch mit geringerer Geschwindigkeit. Diesem Enzym kommt nicht nur die Rolle zu, Folsäure aus der Nahrung in die wirksame THF überzuführen, sondern es hat darüberhinaus eine wesentliche Funktion bei der Thymidylat-Synthese (siehe weiter unten).

Im folgenden werden nur Reaktionen behandelt, die im Säugetierorganismus eine Rolle spielen.


*Produktion von $C_1$-Resten:*

Die quantitativ wichtigste Quelle für $C_1$-Reste ist Serin, welches bei der Serin-Hydroxymethyltransferase-Reaktion den Hydroxymethylrest auf THF überträgt unter Bildung von $N^5$, $N^{10}$-Methylen-THF und Glycin. Serin selbst kann über Phosphoglycerat → Phosphohydroxypyruvat aus dem Kohlenhydratstoffwechsel geliefert werden.

Eine weitere Quelle ist Formaldehyd aus der oxidativen Demethylierung von Dimethylglycin und Sarkosin (Monomethylglycin), welche über Betain aus Cholin stammen. Diese oxidative Demethylierung betrifft etwa 2/3 der Methylgruppen, die als Cholin oder Betain in den Organismus gelangen.

Quantitativ weniger bedeutend sind $C_1$-Reste aus dem Histidinabbau (Formiminogruppen beim Übergang von Formiminoglutamat zu Glutamat), aus dem Tryptophanstoffwechsel (Formylkynurenin), aus der Spaltung von $\delta$-Aminolävulinsäure, aus Glyoxylat und anderen Formaldehyd oder Formiat liefernden Reaktionen. Freie Ameisensäure wird durch $N^{10}$-Formyl-THF-Synthetase eingebaut:

$$HCOOH + THF + ATP \rightarrow N^{10}\text{-Formyl-THF} + ADP + P$$

Zum Einbau von Formaldehyd ist kein ATP erforderlich:

$$HCHO + THF \rightarrow N^5, N^{10}\text{-Methylen-THF}$$

*Verbrauch von $C_1$-Resten:*
$C_1$-Reste werden benötigt für die Synthese des Purinrings (C-2 und C-8), für die Methylierung von d-Uridylat zu Thymidylat bei der DNS-Synthese und für die Methylierung von Homocystein zu Methionin, welches nach Aktivierung zu S-Adenosylmethionin seinerseits als Methyldonator für zahlreiche Methylierungsreaktionen fungiert, z.B.
Noradrenalin zu Adrenalin
Guanidinoessigsäure zu Kreatin
Kephalin zu Lecithin
Monomethyl- und Dimethyläthanolamin zu Cholin
Carnosin zu Anserin
Catecholamine zu O-Methylderivaten
Nicotinamid, Pyridin und andere Amine bzw. Amide zu N-Methylderivaten.
In Abb. 8 sind die verschiedenen $C_1$-liefernden und $C_1$-verbrauchenden Reaktionen schematisch zusammengefaßt.

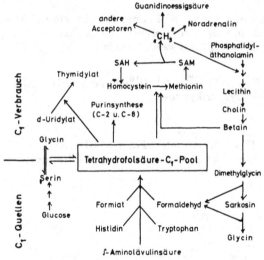

Abb. 8    Erläuterung im Text

Der Transfer von $C_1$-Resten durch THF kann auf verschiedenem Oxidationsniveau (Formiat, Formaldehyd, Methanol) erfolgen. Die verschiedenen THF-Derivate sind in Tab. 14 zusammengestellt:

Tab. 14   Übersicht über Tetrahydrofolsäure-$C_1$-Verbindungen

| Oxidationsstufe | Tetrahydrofolsäure (THF)-Derivat | Reaktionen |
|---|---|---|
| Formiat | $N^{10}$-Formyl-THF | Liefert C-Atom 2 des Purinrings. Entsteht aus Formiat, ATP und THF. |
| | $N^5, N^{10}$-Methenyl-THF $N^5$-Formimino-THF | Liefert C-Atom 8 des Purinrings Entsteht beim Histidinabbau |
| Formaldehyd | $N^5, N^{10}$-Methylen-THF | Methyliert d-Uridylat zu Thymidylat unter Oxidation von THF zu DHF. Entsteht aus Formaldehyd und THF und bei der Umwandlung von Serin zu Glycin |
| Methanol | $N^5$-Methyl-THF | Methyliert Homocystein zu Methionin Entsteht durch Reduktion von $N^5, N^{10}$-Methylen-THF |

Der „citrovorum factor", $N^5$-Formyl-THF, ist selbst nicht an Transfer-Reaktionen im Säugetierorganismus beteiligt, kann aber enzymatisch in aktive Verbindungen umgewandelt werden:

$N^5$-Formyl-THF + ATP $\xrightarrow{Mg^{++}}$ $N^5, N^{10}$-Methenyl-THF + ADP + P
(5-Formyl-THF-Cyclodehydrase)
oder:

$N^5$-Formyl-THF + ATP $\xrightarrow{Mg^{++}}$ $N^{10}$-Formyl-THF + ADP + P
(Mutase oder Kombination von Deacylase und $N^{10}$-Formyl-THF Synthetase).

Formeln der THF-Derivate:

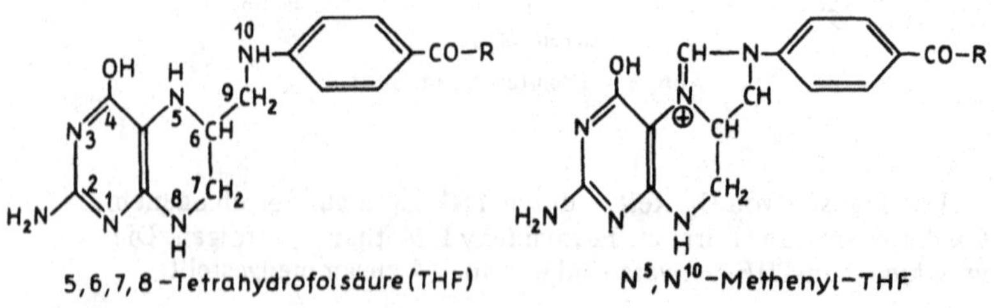

5,6,7,8-Tetrahydrofolsäure (THF)                $N^5, N^{10}$-Methenyl-THF

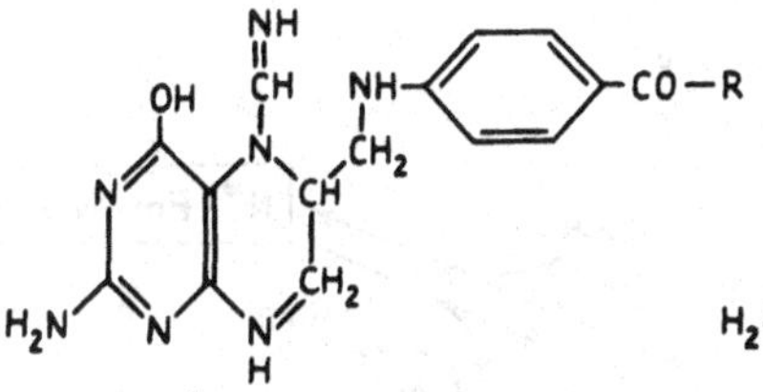

$N^5$-Formimino-THF 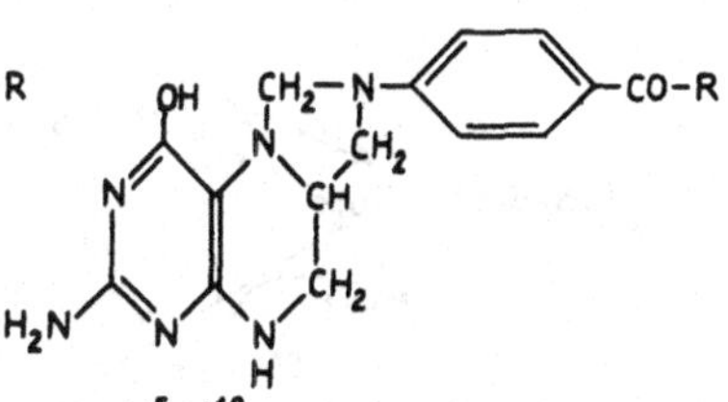 $\quad$ $N^5, N^{10}$-Methylen-THF

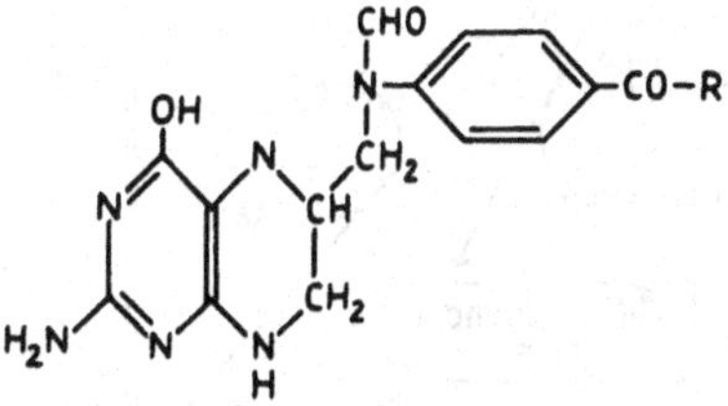

$N^{10}$-Formyl-THF 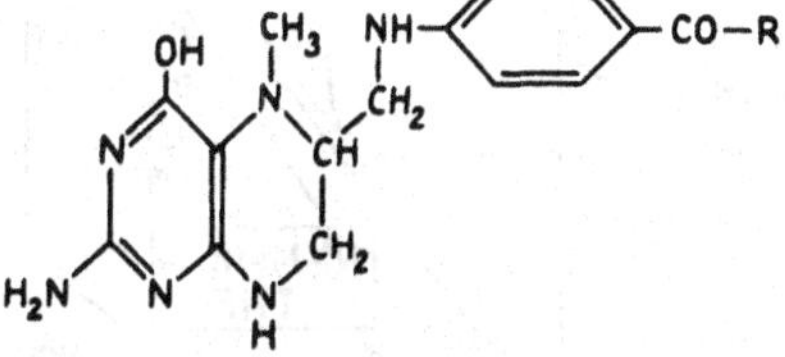 $\quad$ $N^5$-Methyl-THF

Methylierungsreaktionen:
Die Methylierung von d-Uridylat ist nur mit $N^5$, $N^{10}$-Methylen-THF möglich.

Homocystein kann durch $N^5$-Methyl-THF methyliert werden.

Das Enzymsystem benötigt Cobalamin-Coenzym und SAM in katalytischen Mengen.

Homocystein kann aber auch durch Transmethylierung von Betain in Methionin übergehen:

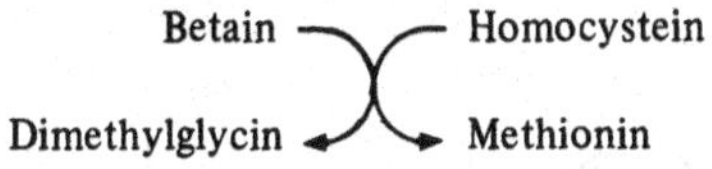

Betain $\longrightarrow$ Homocystein

Dimethylglycin $\longleftarrow$ Methionin

Alle anderen Methylierungen verlaufen mit S-Adenosylmethionin als Methyldonator.

In Abb. 9 sind Bildung, Verbrauch und gegenseitige Umwandlung der 5 verschiedenen THF-$C_1$-Körper zusammengestellt.

Aus der Abb. ist ersichtlich, daß bei der Übertragung eines $C_1$-Restes THF wieder frei wird, mit einer Ausnahme: Bei der Methylierung von d-Uridylat zu Thymidylat wirkt THF gleichzeitig als Reduktionsmittel und wird zu Dihydrofolsäure (DHF) oxidiert. Um wieder wirksam zu werden, muß DHF durch Dihydrofolat-Reductase zu THF reduziert werden. So entsteht ein Cyclus zwischen THF, $N^5$, $N^{10}$-Methylen-THF, DHF und THF, von dessen Funktionieren die Methylierung von d-Uridylat und damit die DNS-Synthese abhängt. Folsäureantagonisten wie

61

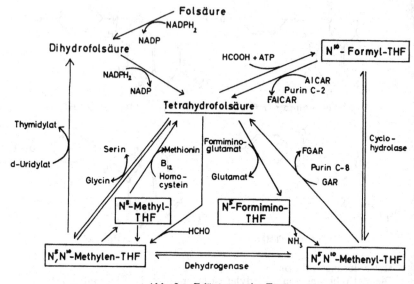

Abb. 9    Erläuterung im Text

Aminopterin und Amethopterin (Methotrexat) blockieren diesen Cyclus durch Hemmung der DHF-Reductase. Solche Verbindungen hemmen deshalb die Zellvermehrung und werden als Cytostatica bei Leukämien eingesetzt.

Aminopterin

Amethopterin (Methotrexate)

*Mangelerscheinungen:*
Im Vordergrund steht eine Störung in der Bildung der Blutzellen. Man findet eine makrocytäre Anämie mit Megaloblasten, Leukopenie, Thrombopenie mit Gerinnungsstörungen, Atrophie des lymphatischen Systems mit Lymphopenie und verringerter Antikörperbildung, ferner Schleimhautveränderungen im Bereich der Mundhöhle und des Magen-Darm-Trakts mit Durchfällen und Resorptionsstörungen. Das Gesamt-Depot an Folsäure beträgt beim erwachsenen Menschen etwa 7,5 mg; davon liegen ca. 2 mg in der Leber. Bei Alkoholikern und bei anderen Lebererkrankungen kann der Gehalt der Leber bis auf 1/10 des Normwerts reduziert sein.

Über den Bedarf an Folsäure lassen sich keine genauen Angaben machen, zumal nicht bekannt ist, in welchem Umfang durch Darmbakterien synthetisierte Folsäureverbindungen zur Versorgung beitragen. Aus den therapeutischen Effekten wird abgeleitet, daß der Minimalbedarf im Bereich von 25–250 µg/Tag liegt.

Die Empfehlungen des Food and Nutrition Board zeigt Tab. 15

Tab. 15 Wünschenswerte Höhe der Folsäurezufuhr
Recommended Dietary Allowances, Revised 1974)

|  | Alter (Jahre) | Zufuhr (µg/Tag) |
|---|---|---|
| Kinder | bis 1 | 50 |
|  | 1– 3 | 100 |
|  | 4– 6 | 200 |
|  | 7–10 | 300 |
| Männer | ab 11 | 400 |
| Frauen | ab 11 | 400 |
|  | Schwangerschaft | 800 |
|  | Lactation | 600 |

Diese Angaben beziehen sich auf Werte in Nahrungsmitteln, die im Lactobacillus casei-Test ermittelt sind. Reine Folsäure kann in Mengen von weniger als 1/4 dieser Werte wirksam sein.

Folsäuremangel ist in unterentwickelten Ländern mit allgemeiner Mangelernährung nicht selten. In den hochzivilisierten Ländern sind Ursachen für Folsäuremangel meist Malabsorptionszustände verschiedener Genese, Alkoholismus oder Schwangerschaft und Lactation mit ihrem gesteigerten Bedarf. Auch verschiedene Medikamente wie Anticonvulsiva, Tuberkulostatica oder Kontrazeptiva können den Folsäurebedarf steigern.

Folsäure kann die hämatologischen Symptome der perniziösen Anämie bessern, ohne jedoch die Degeneration der Rückenmarksbahnen zu beeinflussen. Aus diesem Grunde muß bei Megaloblasten-

63

Anämien sorgfältig differenziert werden und die kritiklose Anwendung von Vitamin-Kombinationspräparaten ist wegen dieses „maskierenden" Effekts der Folsäure nicht ungefährlich.

Zur Feststellung eines Folsäuremangels kann u.a. die Ausscheidung von Formiminoglutamat nach Histidin-Belastung herangezogen werden.

### 3.8. Cobalamine (Vitamin B₁₂)

Die Cobalamine sind eine Reihe nahe verwandter Verbindungen, die unter der Bezeichnung Vitamin $B_{12}$ zusammengefaßt werden. Diese Vitamine enthalten ein Porphyrin-ähnliches Ringsystem aus 4 Pyrrolringen, von denen jedoch 2 direkt, ohne Methinbrücken verbunden sind. Dieses System heißt Corrin-Ring.

Die teilweise hydrierten Pyrrolringe enthalten verschiedene Seitenketten. An den Propionsäurerest des Rings D ist Methylaminoäthanol gebunden, welches über den Phosphatrest mit einem Nucleotid verknüpft ist, das 5,6-Dimethylbenzimidazol als Base enthält. Zentralatom im Ringsystem ist Cobalt, welches koordinativ mit den N-Atomen der Pyrrolringe sowie mit dem Azolring des Nucleotids und einer anionischen Gruppe verbunden ist.

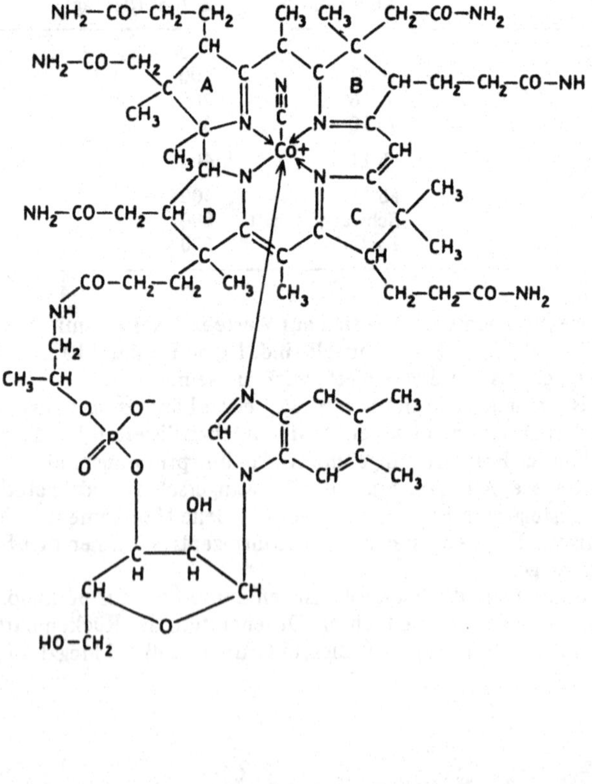

Die hier dargestellte Verbindung heißt nach der anionischen Gruppe Cyanocobalamin. Die Cyanogruppe kann durch verschiedene andere Anionen oder durch Wasser ersetzt werden. So kennt man beispielsweise Thiocyanato-cobalamin (-SCN), Cyanato-cobalamin (-OCN), Nitrito-cobalamin (-ONO), Sulfito-cobalmin (-OSO$_2$), Chloro-cobalamin (-Cl) oder Hydroxo-cobalamin (-OH), welches mit Aquocobalamin im Gleichgewicht steht. Alle diese Cobalamine sind als Vitamine aktiv.

Neben diesen Cobalaminen gibt es Analoga, die im Nucleotid andere Basen enthalten: Entweder andere Benzimidazol-Analoge, oder Purin-Analoge. Alle Purin-enthaltenden Analoga sind ebenso wie inkomplette Analoga, bei denen das Nucleotid oder auch nur die Base fehlt, für den tierischen Organismus inaktiv.

Die Vitamine B$_{12}$ können nur durch Mikroorganismen hergestellt werden. Sie fehlen deshalb völlig in Blattgemüsen, Getreide (Mehl, Kleie, Keim) und in den Samen der Pflanzen. Lediglich die Wurzeln der Pflanzen enthalten das Vitamin, welches sie aus Bodenbakterien aufnehmen. Der Mensch bezieht das Vitamin so gut wie ausschließlich aus Lebensmitteln tierischer Herkunft, in denen es überwiegend in der Coenzym-Form vorliegt. Die besten Quellen sind Leber, Niere, Milch, Eier aber auch Fleisch. Pflanzenfresser werden durch ihre Darmflora mit dem Vitamin versorgt.

Cobalamin wird im Ileum resorbiert. Dazu ist ein in der Magenschleimhaut produziertes Glykoprotein − „intrinsic factor" − erforderlich, welches mit Cobalamin einen Komplex bildet. Cobalamin (bzw. das Coenzym), das in der Nahrung an Protein gebunden vorliegt, wird durch proteolytische Verdauung in saurem Milieu vom Proteinanteil abgespalten und im Magen oder im oberen Anteil des Dünndarms an den intrinsic factor gebunden. Dieser Komplex wird an spezifische Receptoren am Bürstensaum des Ileum gebunden. Dazu ist die Anwesenheit von Calciumionen erforderlich. Dann wird der Komplex energieabhängig in die Mucosazellen aufgenommen. Schließlich wird Cobalamin aus dem Komplex freigesetzt und an das Portalblut abgegeben. Über den Mechanismus dieses Transports ist noch nichts näheres bekannt. Die Geschwindigkeit der Cobalamin-Resorption ist gering (t/2 = 17−20 Std.) und die resorbierbare Menge begrenzt. Bei hohen Dosen kann das Vitamin auch ohne intrinsic factor passiv resorbiert werden, aber die Verwertung ist dann außerordentlich unökonomisch. So werden aus einer Dosis von 1 mg etwa 0,9% und aus einer Dosis von 100 mg etwa 0,45% passiv resorbiert. Die perorale Zufuhr zur Ergänzung eines größeren Defizits ist daher unrentabel.

Im Blut wird Cobalamin an spezifische Proteine gebunden. Transcobalamin I, ein $\alpha_1$-Globulin, wirkt möglicherweise als ein Speicher, der in Mangelsituationen das Vitamin langsam freigibt, während Transcobalamin II, ein $\beta$-Globulin, die eigentliche Transportform ist. Ein weiteres Cobalamin-bindendes Protein − Transcobalamin III − soll aus den Granulocyten stammen; seine Funktion ist noch unklar.

Der Haupt-Speicher für Vitamin $B_{12}$ ist die Leber. Der Gesamtvorrat eines Menschen an Vitamin $B_{12}$ beträgt etwa 5 mg, wovon rund 3 mg auf die Muskulatur und 1,7 mg auf die Leber entfallen. Klinische Mangelerscheinungen treten erst auf, wenn dieser Bestand auf etwa 10% abgefallen ist. Die Behandlung erfordert dann erst eine entsprechende Auffüllung des Depots.

Hydroxocobalamin wird besser retiniert und rascher in das Coenzym umgewandelt als Cyanocobalamin. Dies macht sich bei höheren Dosen zunehmend bemerkbar. So besteht z.B. bei intramuskulärer Injektion von 10–20 µg kaum ein Unterschied in der Retention der beiden Vitamine, aber bei 500 µg wird 2,8 und bei 1000 µg 3,65 mal mehr Hydroxo- als Cyanocobalamin retiniert.

Die Coenzym-Form des Vitamin $B_{12}$ (das Cobalamin-Coenzym) entsteht durch Ersatz des Cyano- oder Hydroxorestes durch Desoxyadenosin, welches über das 5′-C-Atom direkt an das Cobalt-Atom gebunden wird. Desoxyadenosin wird durch ATP unter Abspaltung von Tripolyphosphat geliefert, wobei noch ein reduzierendes System erforderlich ist.

Im Gegensatz zu den vielen Reaktionen bei Mikroorganismen kennt man im tierischen Organismus nur zwei Reaktionen, die Cobalamin-Coenzym benötigen:

    1. Die Umlagerung von Methylmalonyl-CoA zu Succinyl-CoA beim Propionsäureabbau:

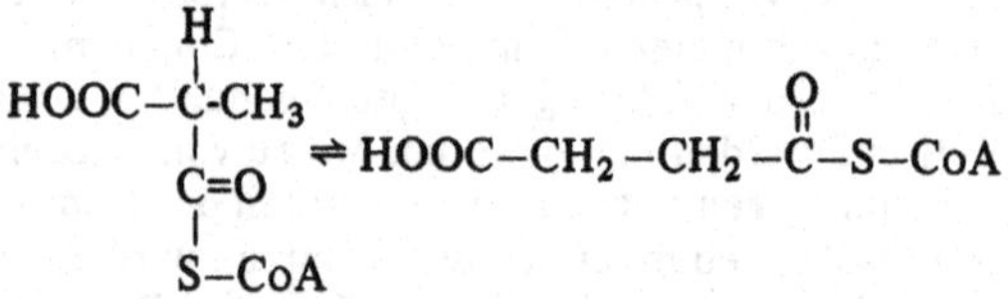

$$\underset{\underset{\underset{S-CoA}{|}}{\underset{C=O}{|}}{\overset{\overset{H}{|}}{HOOC-C\text{-}CH_3}}} \rightleftharpoons HOOC-CH_2-CH_2-\overset{\overset{O}{\|}}{C}-S-CoA$$

Hierbei wird nicht die Carboxylgruppe, sondern der CO–S–CoA-Anteil intramolekular umgelagert.

    2. Der Methyltransfer von $N^5$-Methyltetrahydrofolsäure auf Homocystein unter Bildung von Methionin. Dieses Enzymsystem enthält Cobalamin-Coenzym und benötigt katalytische Mengen an S-Adenosylmethionin und ein reduzierendes System.

In der Literatur ist der Fall eines Kindes beschrieben mit einem Defekt der Umwandlung von Cobalamin in Desoxyadenosyl-Cobalamin (Cobalamin-Coenzym). In der Leber dieses Kindes war der Gesamt-Vitamin $B_{12}$ im Normalbereich, der an Coenzym betrug jedoch weniger als 10% der Norm. In Gehirn und Serum fanden sich abnorm niedrige Methionin-Konzentrationen, im Harn wurden Homocystein und Methylmalonsäure ausgeschieden.

*Mangelerscheinungen:*

Bei Mangel an Cobalamin entsteht das Bild der „perniciösen Anämie". Es handelt sich wie beim Folsäuremangel um eine makrocytäre Anämie mit Leukopenie und Thrombopenie und Megaloblasten im Sternalmark. Darüberhinaus entwickeln sich Degenerationsherde in der weißen Substanz der langen Rückenmarksbahnen, insbesondere der Seiten- und Hinterstränge (funikuläre Myelose). Dies äußert sich subjektiv in Parästhesien, Störungen der Tiefensensibilität, hyperaktiven Reflexen oder Reflexverlusten und Ataxie. Die Krankheit beginnt häufig mit Zungenbrennen. Man findet eine Glossitis (*Hunter*'sche Glossitis) mit entzündlicher Rötung und Bläschenbildung, später wird die Zunge atrophisch glatt und besonders am Rand ohne Papillenmuster. Ebenso ist die Magenschleimhaut atrophisch, es besteht eine histaminrefraktäre Achylie. Eine Erklärung der Mangelsymptome auf molekularer Ebene ist noch nicht möglich.

Ursache der genuinen perniciösen Anämie ist das Fehlen des intrinsic factors, so daß Cobalamin nicht resorbiert werden kann. Man nimmt heute an, daß es sich überwiegend um eine organspezifische Autoimmunerkrankung handelt, die zur Atrophie der Magenschleimhaut und zum Sistieren der Produktion bzw. zur Inaktivierung des intrinsic factors führt.

Da die Magenschleimhaut die Produktionsstätte dieses Faktors ist, findet man Mangelerscheinungen an Cobalamin auch nach totalen oder subtotalen Magenresektionen. Den gleichen Effekt haben Resektionen des Ileums oder größerer Teile davon, oder seine Ausschaltung durch Enteroanastomosen, weil die aktive Cobalamin-Resorption nur in diesem Darmabschnitt erfolgt. Schließlich können Parasiten wie der Fischbandwurm durch gesteigerten Cobalaminverbrauch einen Mangel hervorrufen.

Exogener Mangel ist meist die Folge chronischer Unterernährung oder von Malabsorptionszuständen. Da das Vitamin in Pflanzen nicht vorkommt, findet man bei strengen Vegetariern, die alle Lebensmittel tierischer Herkunft — auch Milch und Eier — meiden, häufig erniedrigte Cobalamin-Werte im Serum und Mangelsymptome vorwiegend nervaler Art.

Aufgrund der Dosis, die bei den meisten Perniciosa-Patienten zur Aufrechterhaltung eines normalen Blutbilds benötigt wird, wurde der Cobalaminbedarf von den meisten Autoren auf 1−2 μg pro Tag geschätzt. Nach neueren Untersuchungen von *Heinrich* (19) mit [60]Co-markiertem Cobalamin im Ganzkörper-Radioaktivitätsdetektor erscheint dies jedoch zu wenig, denn es wurde bei Erwachsenen ein täglicher Umsatz von 2,6 μg ermittelt.

Vom U.S. Food and Nutrition Board werden folgende Zahlen empfohlen:

Tab. 16   Wünschenswerte Höhe der Cobalamin-Zufuhr.
(Recommended Dietary Allowances, Revised 1974)

|         | Alter (Jahre)    | Zufuhr ($\mu$g/Tag) |
|---------|------------------|---------------------|
| Kinder  | bis 1            | 0,3                 |
|         | 1– 3             | 1,0                 |
|         | 4– 6             | 1,5                 |
|         | 7–11             | 2,0                 |
| Männer  | > 11             | 3,0                 |
| Frauen  | > 11             | 3,0                 |
|         | Schwangerschaft  | 4,0                 |
|         | Lactation        | 4,0                 |

Mit diesen Zahlen sind die früheren Empfehlungen reduziert worden.

Die Deutsche Gesellschaft für Ernährung empfiehlt höhere Mengen (5,0 $\mu$g/Tag für Erwachsene und 7,5 $\mu$g/Tag für Schwangere und Stillende) und geht dabei davon aus, daß durchschnittlich nur 50% des Vitamins resorbiert werden, wenn die Nahrungszufuhr nicht auf mehrere kleine Portionen verteilt, sondern auf zwei Hauptmahlzeiten konzentriert wird.

Der höhere Bedarf bei Graviden wird aus dem gegen Ende der Schwangerschaft abfallenden Cobalaminspiegel im Serum abgeleitet.
Kriterien zur Beurteilung der Vitaminversorgung sind der Serumspiegel an Cobalamin, die Retention im Organismus bzw. die Ausscheidung im Harn und die bei Mangel vermehrte Ausscheidung von Methylmalonsäure im Harn.

## 3.9.   Ascorbinsäure (Vitamin C).

Von den 4 möglichen stereoisomeren Ascorbinsäuren sind die L-Ascorbinsäure (L-Xyloascorbinsäure) und die D-Araboascorbinsäure biologisch als Vitamin C aktiv, während die D-Ascorbinsäure (D-Xyloascorbinsäure) und die L-Araboascorbinsäure biologisch inaktiv sind. Dies zeigt, daß für die biologische Aktivität die Konfiguration am C-Atom (4) maßgebend ist. Die C-Atomzahl spielt keine Rolle, die C-Atomkette kann verkürzt oder verlängert werden.

Tab. 17   Antiscorbutisch wirkende Substanzen.

| Substanz | relative Wirksamkeit bezogen auf L-Ascorbinsäure |
|---|---|
| L-Ascorbinsäure | 100 |
| L-Dehydroascorbinsäure | 100 |
| 6-Desoxy-L-ascorbinsäure | 33 |
| L-Rhamnoascorbinsäure | 20 |
| D-Araboascorbinsäure | 5 |
| L-Glucoascorbinsäure | 2,5 |
| L-Fucoascorbinsäure | 2,0 |
| D-Glucoheptoascorbinsäure | 1,0 |

In manchen Pflanzen (Kraut) kommt Ascorbinsäure in gebundener Form als Ascorbigen vor. Die Substanz läßt sich leicht durch Erhitzen von L-Ascorbinsäure mit 3-Hydroxymethylindol erhalten. Die Wirkung entspricht dem molaren Verhältnis zur Ascorbinsäure.

Die älteren, zum Teil auch heute noch viel verwendeten Methoden zur Bestimmung der Ascorbinsäure beruhen zumeist auf ihren stark reduzierenden Eigenschaften. Am meisten wird die Titration mit 2,6-Dichlorphenolindophenol verwendet. Die in saurer Lösung rot gefärbte Substanz wird durch Ascorbinsäure zur Leukoverbindung reduziert. Analytisch häufig verwendet wird die Reaktion der Dehydroascorbinsäure mit 2,4-Dinitrophenylhydrazin. Das entstehende Osazon kann photometrisch oder chromatographisch erfaßt werden. Die enzymatische Bestimmung der Ascorbinsäure mit der Ascorbinsäureoxidase wurde bisher nur selten verwendet.

Zur biologischen Bestimmung benützt man zumeist die mangelhafte Gewichtszunahme junger Meerschweinchen, die durch eine C-freie Diät bewirkt wird, ferner die verzögerte und veränderte Entwicklung der Schneidezähne dieser Tiere. Eine weitere Möglichkeit besteht in der Verfolgung der Aktivität der alkalischen Phosphatase im Plasma, die im Scorbut stark vermindert wird.

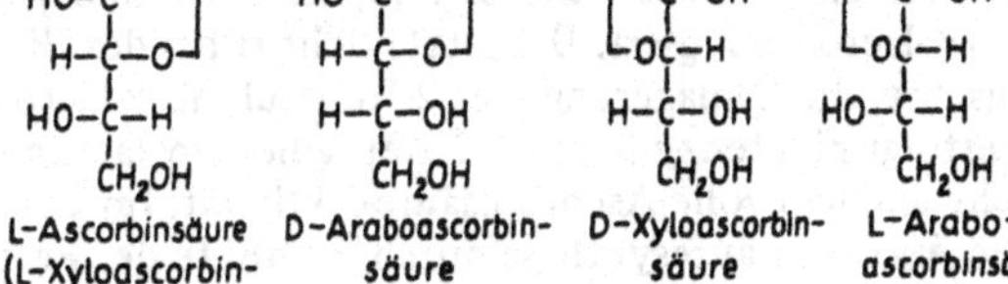

L-Ascorbinsäure
(L-Xyloascorbin-
säure)

D-Araboascorbin-
säure

D-Xyloascorbin-
säure
(D-Ascorbinsäure)

L-Arabo-
ascorbinsäure

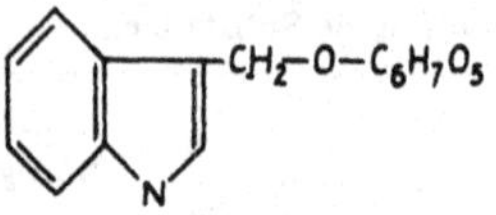

Ascorbigen

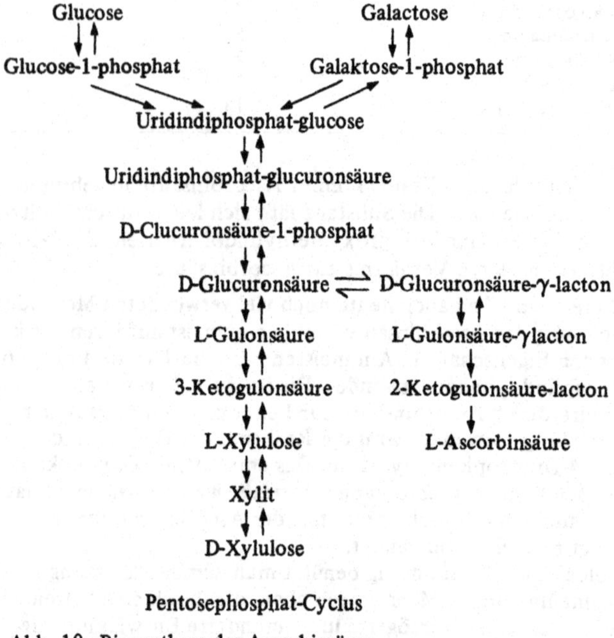

$$\text{Glucose} \qquad\qquad \text{Galactose}$$

$$\text{Glucose-1-phosphat} \qquad \text{Galaktose-1-phosphat}$$

$$\text{Uridindiphosphat-glucose}$$

$$\text{Uridindiphosphat-glucuronsäure}$$

$$\text{D-Clucuronsäure-1-phosphat}$$

$$\text{D-Glucuronsäure} \rightleftharpoons \text{D-Glucuronsäure-}\gamma\text{-lacton}$$

$$\text{L-Gulonsäure} \qquad\qquad \text{L-Gulonsäure-}\gamma\text{lacton}$$

$$\text{3-Ketogulonsäure} \qquad\qquad \text{2-Ketogulonsäure-lacton}$$

$$\text{L-Xylulose} \qquad\qquad\qquad \text{L-Ascorbinsäure}$$

$$\text{Xylit}$$

$$\text{D-Xylulose}$$

Pentosephosphat-Cyclus

Abb. 10  Biosynthese der Ascorbinsäure

Die meisten Tierspecies vermögen Ascorbinsäure von der Glucose
bzw. Galactose ausgehend zu synthetisieren. Die dabei beteiligte Reak-
tionskette ist in der Abb. 11 wiedergegeben. Beim Meerschweinchen
und den Primaten, welche Ascorbinsäure nicht zu synthetisieren vermögen und für die Ascorbinsäure daher ein Vitamin ist, fehlt infolge einer
Genmutation die L-Gulonolactonoxidase (E.C. 1.1.3.8.), ein in den
Lebermikrosomen enthaltenes Flavinenzym, das L-Gulono-$\gamma$-lacton zu
2-Ketogulono-$\gamma$-lacton oxydiert. Der letzte Schritt bei der Biosynthese
der Ascorbinsäure, die Umlagerung von 2-Ketogulono-$\gamma$-lacton zu Ascorbinsäure erfolgt nichtenzymatisch. 2-Ketogulono-$\gamma$-lacton hat daher
beim Meerschweinchen volle Ascorbinsäure-Aktivität. Im Tocopherolmangel ist die Ascorbinsäuresynthese durch Produkte der Fettsäure-
peroxydation vermindert.

Die Resorption der Ascorbinsäure aus dem Darm erfolgt bei der Ratte im Ileum, bei dem Meerschweinchen im Duodenum und proximalen Teil des Jejunum. Beim Menschen beginnt sie schon in der Mundhöhle. Die Konzentration der Ascorbinsäure im Plasma und in den Organen ist bis zur Sättigungsdosis, die beim Menschen 80−100mg/Tag beträgt, dosisabhängig. Bei Sättigung mit Ascorbinsäure beträgt die Konzentration im Plasma etwa 1,20 mg/100 ml. Eine bessere Information über den Vitamin C-Status des Menschen erhält man durch Bestimmung des Ascorbinsäuregehaltes der Leukocyten, deren Sättigungskonzentration bei 25−35 mg/100 g gelegen ist.

Zwischen der Ascorbinsäure im Plasma und in den Organzellen stellt sich rasch ein Gleichgewicht ein. Der Transport in die Zellen erfolgt teils in Form der Ascorbinsäure, teils in Form der Dehydroascorbinsäure. Die Annahme, daß Dehydroascorbinsäure die Transportform der Ascorbinsäure sei, hat sich nicht für alle Fälle bestätigen lassen. Möglicherweise haben beide Transportformen als Ascorbinsäure und Dehydroascorbinsäure unterschiedliche Funktionen. In den Organzellen liegt die Ascorbinsäure fast quantitativ als solche vor, im Blut sind neben der Ascorbinsäure etwa 20% Dehydroascorbinsäure vorhanden.

Bei Sättigung des Menschen mit Ascorbinsäure beträgt der Ascorbinsäure-Pool etwa 30−40 mg/kg. t/2 des Pool durch Ausscheidung im Harn und Abbau beträgt 8−24 Tage. Die renale Clearence beträgt bei nicht völliger Sättigung etwa im Mittel 1,2−2,0 ml/min. Ascorbinsäure wird glomerulär filtriert und aktiv im Tubulus rückresorbiert. Bei niederer Konzentration im Tubulus erfolgt die Rückresorption nahezu quantitativ. Jedoch werden bei niedriger Zufuhr und daher niedriger Konzentration im Plasma noch meßbare Mengen von Ascorbinsäure im Harn ausgeschieden, z.B. bei einer Tagesaufnahme von 10 mg 4−5 mg.

Der Ascorbinsäureumsatz des Menschen beträgt bei einer Zufuhr von 80−100 mg (Sättigungsdosis) 1,2−1,3 mg/kg. Der Umsatz erfolgt auf dem in der Abb. 11 wiedergegebenen Weg. Außerdem wird Ascorbinsäure durch die Ascorbat-2,3-dioxygenase (E.C. 1.13.11.13.) in Gegenwart von $Fe^{2+}$ in L-Threonsäure und Oxalsäure übergeführt, wobei die C-Atome 1 und 2 der Ascorbinsäure die Oxalsäure liefern. Bei einer Zufuhr von 80 mg Ascorbinsäure entstehen etwa 15 mg Oxalat. Bei

$$\text{Ascorbat} + O_2 \xrightarrow{\;Fe^{2+}\;} \text{Oxalat} + \text{L-Threonat}$$

höheren Ascorbinsäurezufuhren wird infolge Überschreitung der Umsatzkapazität die ausgeschiedene Oxalatmenge nicht vergrößert.

Bei der Ratte wurde als Metabolit der Ascorbinsäure noch Ascorbinsäure-2-sulfat, und zwar in der Galle, nachgewiesen.

Ascorbinsäure ist eine stark reduzierende Substanz, da sie leicht zu Dehydroascorbinsäure dehydriert werden kann. Als Zwischenstufe kann

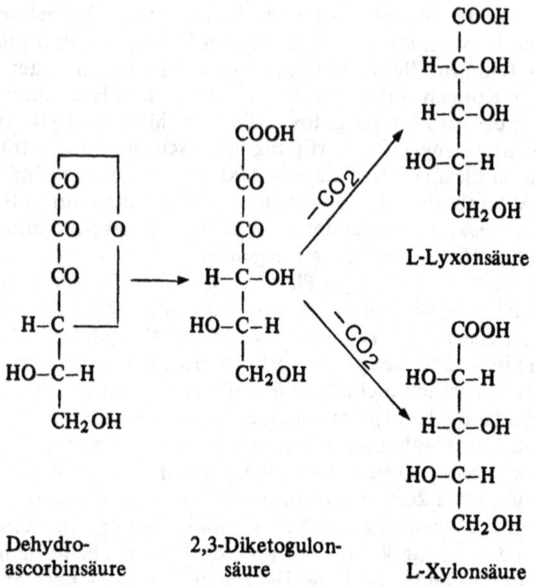

$$
\begin{array}{c}
\text{Dehydro-}\\
\text{ascorbinsäure}
\end{array}
\quad\longrightarrow\quad
\begin{array}{c}
\text{2,3-Diketogulon-}\\
\text{säure}
\end{array}
\quad
\begin{array}{c}
\xrightarrow{-CO_2}\ \text{L-Lyxonsäure}\\[4pt]
\xrightarrow{-CO_2}\ \text{L-Xylonsäure}
\end{array}
$$

Dehydroascorbinsäure:
```
    CO
    CO   O
    CO
 H–C ┘
HO–C–H
    CH2OH
```

2,3-Diketogulonsäure:
```
    COOH
    CO
    CO
 H–C–OH
HO–C–H
    CH2OH
```

L-Lyxonsäure:
```
    COOH
 H–C–OH
 H–C–OH
HO–C–H
    CH2OH
```

L-Xylonsäure:
```
    COOH
HO–C–H
 H–C–OH
HO–C–H
    CH2OH
```

**Abb. 11  Abbau der Ascorbinsäure**

die Monodehydroascorbinsäure auftreten, ein sehr kurzlebiges Radikal, das durch Abgabe von 1 Elektron aus Ascorbinsäure entsteht.

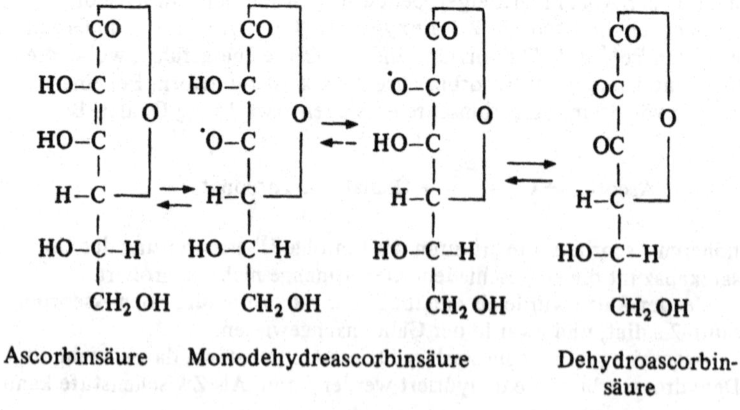

Ascorbinsäure:
```
    CO
HO–C
    ‖    O
HO–C
 H–C ┘
HO–C–H
    CH2OH
```

Monodehydreascorbinsäure:
```
    CO                    CO
HO–C                   ˙O–C
    ˙O–C    O    ⇌    HO–C    O
 H–C ┘               H–C ┘
HO–C–H                HO–C–H
    CH2OH                 CH2OH
```

Dehydroascorbinsäure:
```
    CO
    OC
    OC   O
 H–C ┘
HO–C–H
    CH2OH
```

Die Bildung der Monodehydroascorbinsäure erfolgt durch die L-Ascorbat-Cytochrom $b_5$-Reductase (E.C. 1.10.2.1.), welche die folgende Reaktion katalysiert:

L-Ascorbat + Ferricytochrom $b_5$
$$\rightleftharpoons \text{Monodehydroascorbinsäure} + \text{Ferrocytochrom } b_5$$

Bei der umgekehrten Reaktion ist die Monodehydroascorbatreductase beteiligt (E.C. 1.6.5.4.):

$$\text{NADH} + 2\ \text{Monodehydroascorbat} \rightleftharpoons \text{NAD}^+ + 2\ \text{Ascorbat}$$

Beide Enzyme sind vorwiegend in den Mikrosomen lokalisiert und Bestandteile ihres Elektronentransportsystems. Anstelle des Cytochrom $b_5$ kann Cytochrom P-450 treten.

Das System Ascorbinsäure-Dehydroascorbinsäure ist u.a. beim Stoffwechsel des Glutathion beteiligt, und zwar durch die Glutathion-Dehydroascorbat-Oxidoreductase (E.C. 1.8.5.1.):

$$2\ \text{GSH} + \text{Dehydroascorbat} \rightleftharpoons \text{G–S–S–G} + \text{Ascorbat.}$$

Wichtige biochemische Wirkungen der Ascorbinsäure betreffen ihre Beteiligung bei Hydroxylierungen. Die Hauptsymptome des Ascorbinsäure-Mangels werden durch die gestörte Biosynthese von Kollagen hervorgerufen. Hier greift Ascorbinsäure bei der Bildung von Protokollagen an, und zwar bei der Hydroxylierung von den peptidgebundenen Aminosäuren Prolin und Lysin. Die dabei beteiligten Dioxygenasen Prolinhydroxylase (E.C. 1.14.11.2.) und Lysinhydroxylase (E.C. 1.14.11.4.) benötigen als Cofaktoren $\alpha$-Ketoglutarat und $Fe^{2+}$:

$$\begin{array}{l}\text{Peptidylprolin} \\ \text{(Peptidyllysin)}\end{array} + \text{L-Ascorbinsäure} + O_2 \xrightarrow{\ \frac{\alpha\text{-Ketoglutarat}}{Fe^{2+}}\ }$$

$$\begin{array}{l}\text{Peptidylhydroxyprolin} \\ \text{(Peptidylhydroxylysin)}\end{array} + \text{Dehydroascorbinsäure} + H_2O$$

Das $\alpha$-Ketoglutarat wird bei der Reaktion in stöchiometrischer Menge decarboxyliert.

Ascorbinsäure ist bei der Hydroxylierung von Dopamin zu Noradrenalin durch die Dopamin-$\beta$-hydroxylase (E.C. 1.14.17.1.) beteiligt:

$$\text{Dopamin} + \text{Ascorbat} + O_2 \rightarrow \text{Noradrenalin} + \text{Dehydroascorbat} + H_2O$$

Das Enzym hat nur eine geringe Substratspezifität und hydroxyliert auch noch andere Phenole wie Phenyläthylamin, p-Tyramin, Amphetamin und $\alpha$-Methyldopamin.

73

Ascorbinsäure ist noch bei der γ-Buyrobetain-2-ketoglutarat-Dioxygenase (E.C. 1.14.11.1.) ein obligater Cofaktor.

Die postulierte Beteiligung der Ascorbinsäure beim Abbau aromatischer Aminosäuren, bei der Hydroxylierungen und Ringspaltungen vorkommen (z.B. Spaltung der Homogentisinsäure zu 2-Maleylacetoacetat), ist nur indirekter Art. Die beteiligten Enzyme benötigen zum Teil $Fe^{2+}$. als Cofaktor und Ascorbinsäure kann bei der Erhaltung des Fe im reduzierten Zustand eine Rolle spielen. Ebenso ist eine direkte Beteiligung der Ascorbinsäure bei der Hydroxylierung von Steroiden bisher nicht bewiesen worden. Dasselbe gilt für die Bildung von Corticoiden und die Beteiligung der Ascorbinsäure beim Cholesterinstoffwechsel, z.B. der Vergrößerung der Gallensäurebildung aus Cholesterin.

Auch die Art der Beteiligung der Ascorbinsäure bei der Entgiftung von Drogen und anderweitigen körperfremden Substanzen in den Mikrosomen durch Hydroxylierung unter Beteiligung mischfunktioneller Oxydasen und des Cytochrom P-450 ist noch ungeklärt und vermutlich nur indirekter Art. Es liegen Berichte vor, die zeigen, daß die Aktivität des entgiftenden Systems im Mangel an Ascorbinsäure stark abnimmt. Interessant und wichtig ist der Befund, daß der Gehalt der Leber an dem Cytochrom P-450, der terminalen Oxidase in dem entgiftenden System, schon nach 2 Tagen ascorbinsäurefreier Ernährung von Meerschweinchen signifikant abnimmt.

Ein schwerer Ascorbinsäuremangel führt zum Auftreten des Skorbut, einer altbekannten alimentären Mangelkrankheit, deren Symptome sich zwanglos aus den biochemischen Aufgaben der Ascorbinsäure ableiten lassen. Vom Ascorbinsäuremangel wird in erster Linie das Mesenchym betroffen. Die wichtigsten klassischen Symptome des Scorbut sind Hämorrhagien am ganzen Körper, Gingivitis mit Hypertrophie des Zahnwalls, Hämaturie, Melänie, Metrorrhagien, subperiostale Blutungen, Blutungen in der Muskulatur und Schmerzen in den Extremitäten. Häufig ist die Erythropoese vermindert. Die Resistenz gegen Infektionen läßt stark nach.

Infolge der Störung der Kollagenbildung beobachtet man im Skorbut eine Verzögerung der Wundheilung, ferner typische Veränderungen an den Zähnen infolge einer mangelhaften Dentinbildung. Die Odontoblasten weisen morphologische Veränderungen auf und produzieren anstelle des normalen Dentin eine spongiöse Masse. Betroffen ist vor allem auch die Knochenbildung, die sich u.a. auch in einer verschlechterten Kallusbildung bei der Heilung von Frakturen äußert.

Untersuchungen an freiwilligen Probanden durch verschiedene Teams haben unsere Kenntnisse über den Ascorbinsäuremangel erheblich erweitert. Die Zeit zwischen dem Auftreten der Mangelsymptome und dem Einsetzen der Mangelernährung hängt von der Größe des Ascorbinsäure-Pools beim Beginn der Untersuchungen ab. Einzelheiten findet man in der Tabelle 18. Zwischen dem Ascorbinsäure-Spiegel im

Blut und der Größe des Pools besteht eine gesetzmäßige Beziehung, so lange der Pool größer als 300 mg ist. Fällt der Pool unter 300 mg ab, so ergeben sich keine weiteren Veränderungen des Ascorbinsäurespiegels. Die klinische Scorbutsymptome verschwanden, wenn der Pool auf über 300 mg angestiegen war. Während die Ascorbinsäureverarmung exponentiell verlief, zeigte die Wiederauffüllung des Pool einen linearen Verlauf.

Alle bisher durchgeführten Untersuchungen ergaben übereinstimmend, daß zur Verhütung bzw. Heilung der klinischen Scorbutsymptome Tagesdosen von rund 10 mg Ascorbinsäure ausreichend sind.

Tab. 18 Auftreten von Mangelsymptomen bei einer Ascorbinsäure-freien Ernährung (*Hodges, E.R., Hood, J., Canham, J.E., Sauberlich, H.E.* und *Naker, E.M.:* Am. J. Clin. Nutr. **24,** 432 1971).

| Symptom | Tage bis zum Auftreten | Ascorbinsäure im Plasma mg/100 ml | Pool mg |
|---|---|---|---|
| Petechien | 29 – 66 | 0,13 – 0,24 | 96 – 460 |
| Ecchymosen | 36 – 103 | 0,06 – 0,30 | 19 – 438 |
| Zahnfleischveränderungen | 43 – 84 | 0,09 – 0,16 | 63 – 360 |
| Hyperkeratosen | 45 – 100 | 0,00 – 0,16 | 64 – 143 |
| Follikelschwellungen | 49 – 90 | 0,00 – 0,16 | 32 – 324 |
| Arthralgie | 67 – 96 | 0,04 – 0,16 | 45 – 217 |
| Gelenkergüsse | 68 – 103 | 0,07 – 0,16 | 39 – 110 |

Der Organismus vermag nur eine begrenzte Menge an Ascorbinsäure zu speichern. Versuche am Meerschweinchen haben gezeigt, daß zwischen der Konzentration der Ascorbinsäure im Plasma und der Oxidation der Ascorbinsäure zu $CO_2$ eine enge Korrelation besteht. Aus Tierversuchen kann man entnehmen, daß der „Ascorbinsäurebedarf" sehr unterschiedlich beziffert werden kann je nach dem Test, den man wählt. (s. Seite 7). Zur Erzielung eines optimalen Wachstums und einer optimalen Fortpflanzung benötigt man die 2–3fache Menge an Ascorbinsäure, die zur Verhütung von Scorbutsymptomen erforderlich ist. Der Ascorbinsäurebedarf bleibt auch nicht konstant, sondern wird durch äußere Momente beeinflußt, z.B. durch Stress jeder Art gesteigert.

Die Empfehlungen über die wünschenswerte Höhe der Ascorbinsäure-Zufuhr sind nicht einheitlich. Der Food and Nutrition Board der USA (8. Ausgabe 1974) beziffert sie für den Erwachsenen (mit Zuschlägen während der Gravidität und Lactation) zu 45 mg/Tag, da eine Zufuhr von 45 mg/Tag ausreichend sei, um einen Ascorbinsäure-Pool von etwa 1500 mg im Organismus aufrecht zu halten. Die Deutsche Gesellschaft für Ernährung empfiehlt eine Tagesaufnahme von 75 mg für den Erwachsenen. Neuerdings wurde von *L. Pauling* („Vitamin C und der Schnupfen", Weinheim 1972) betont, daß zur Verhütung bzw. Heilung von Erkältungskrankheiten hohe Dosen von Ascorbinsäure in der Grössenordnung von 0,1 g bis zu mehreren Gramm im Tag günstig wirken und daß daher die Ascorbinsäureaufnahme vergrößert werden sollte.

Daraus ergibt sich die Frage, ob hohe Dosen von Ascorbinsäure u.U. eine schädliche Wirkung entfalten können. Von einigen Autoren wurde auch angeblich festgestellt, daß höhere Ascorbinsäuredosen toxisch wirken. Ihre Untersuchungen hielten jedoch einer Nachprüfung nicht stand. Gründliche eigene Untersuchungen, die in der Zwischenzeit vielfach bestätigt wurden, haben gezeigt, daß Ascorbinsäure eine gut verträgliche Substanz ist und Tagesaufnahmen von 1 g und mehr keine schädliche Wirkung haben, wie ohne genügende experimentelle Untermauerung behauptet worden war. Insbesondere wurde die Behauptung experimentell widerlegt, daß nach hohen Aufnahmen von Ascorbinsäure später bei einer scorbutigenen Diät ein Scorbut rascher auftritt.

Ascorbinsäure wird in größerem Umfange in der Lebensmitteltechnologie als Antioxydans zur Stabilisierung von Lebensmitteln verwendet, insbesondere auch in Form des fettlöslichen Ascorbylpalmitat zur Verhütung der Oxydation von Fetten und Ölen. Die in der Natur nicht vorkommende Isoascorbinsäure (D-Araboascorbinsäure, Erythorbsäure) wirkt ebenfalls als Antioxydans. Ihre Verwendung zur Stabilisierung von Lebensmitteln ist daher schon verschiedentlich diskutiert worden. Da sie jedoch die Aufnahme von Ascorbinsäure in die Organe und somit die Verwertbarkeit der Ascorbinsäure vermindert, selbst jedoch nur 5% der biologischen Wirkung der Ascorbinsäure besitzt, sollte sie zu dem angeführten Zweck nicht benützt werden.

Ascorbinsäure kommt in allen Pflanzen vor, wenn auch die Mengen recht unterschiedlich sind. Besonders hohe Konzentrationen findet man in Hagebutten, schwarzen Johannisbeeren, Citrusfrüchten und Paprika. Eine wichtige Basisquelle für die Ascorbinsäureversorgung sind Kartoffeln mit einem Gehalt von 3–30 mg/100 g. Kuhmilch enthält bedeutend weniger Ascorbinsäure als Frauenmilch. Bei der Lagerung von Gemüsen und Früchten nimmt der Ascorbinsäuregehalt durch enzymatische Prozesse ab, so daß im Frühjahr, gegen Ende der Lagerzeit, mit einem geringen Gehalt gerechnet werden muß. Bei der Lebensmittelkonservierung werden durch Blanchieren (kurzes Erhitzen) oder Tiefgefrieren diese enzymatischen Prozesse abgestoppt oder stark verlangsamt.

In saurer wässriger Lösung (unter pH 6) ist Ascorbinsäure stabil, auch in Gegenwart von Luftsauerstoff. Bereits Spuren von Schwermetallen, besonders $Cu^{++}$, katalysieren jedoch eine rasche oxidative Zerstörung. Beim Kochen kommt es zu Verlusten durch Extraktion ins Kochwasser und durch temperaturbeschleunigte oxidative Zerstörung, die besonders bei längerem Warmhalten der Speisen stärker ins Gewicht fällt als bei kurzzeitigem Erhitzen auf etwas höhere Temperaturen wie etwa im Dampfdrucktopf.

# 4. Stoffe mit fraglichem Vitamincharakter

Auf die im folgenden zu besprechenden Substanzen myo-Inosit und Cholin trifft die am Anfang dieses Buches gegebene Definition für Vitamine nicht zu. Zum einen ist die Unentbehrlichkeit dieser Stoffe für den Menschen nicht erwiesen, typische Mangelerscheinungen sind nicht bekannt; zum anderen trifft die Mengenklausel der Definition nicht zu: Beide Substanzen sind Bausteine von Körpersubstanz und Bestandteile von Strukturen und werden im Gramm-Bereich mit der Nahrung aufgenommen. Schließlich können beide aus Vorstufen im Stoffwechsel hergestellt werden. Experimentell erzeugte Mangelerscheinungen im Tierversuch sind vermutlich darauf zurückzuführen, daß unter bestimmten extremen Bedingungen die endogene Synthese nicht voll ausreicht. Demnach wären beide Stoffe eher unter die semi-essentiellen Verbindungen als unter die Vitamine einzureihen. Sie sollen hier nur kurz besprochen werden, um sie gegen die Vitamine abzugrenzen.

Als dritte Stoffgruppe mit fraglichem Vitamincharakter werden die Ubichinone kurz aufgeführt. Sie können zwar im Stoffwechsel aus endogenen Vorstufen synthetisiert werden und beim Menschen sind Mangelerscheinungen noch nie mit Sicherheit nachgewiesen worden. Im Tierversuch läßt sich jedoch unter bestimmten Voraussetzungen ein Mangel erzeugen.

## 4.1. myo-Inosit

myo-Inosit ist eines der 9 möglichen Stereoisomeren des Hexahydroxycyclohexans:

myo−Inosit

Im Pflanzenreich ist die am meisten verbreitete Verbindung des myo-Inosit der Hexaphosphorsäureester, die Phytinsäure. In tierischen Organen findet man myo-Inosit als Bestandteil der Inositphosphatide, ferner als freien Inosit und als Phosphorsäureester. Inosit wird vollständig resorbiert im Gegensatz zur Phytinsäure, die als solche unresorbierbar ist. Sie wird nur in geringem Umfang durch Esterasen der Verdauungssekrete und durch Darmbakterien gespalten und hemmt wegen der Bildung schwerlöslicher Salze die Resorption von Zink und Calcium.

In tierischen Geweben entsteht myo-Inosit-1-phosphat durch direkte Cyclisierung von Glucose-6-phosphat. Der Abbau verläuft in der Niere unter oxidativer Aufspaltung des Rings zu D-Glucuronsäure.

Funktionen über die als Lipid-Baustein hinaus sind beim Menschen nicht bekannt, vor allem kennt man kein Enzymsystem, welches myo-Inosit enthält oder zur Wirkung benötigt. Auch Mangelerscheinungen sind beim Menschen nie beobachtet worden. Bei Mäusen und Ratten wurden unter myo-Inosit-freier Ernährung Wachstumsstörungen und charakteristisch lokalisierter Haarausfall beschrieben. Die viel zitierte lipotrope Wirkung scheint nur unter speziellen experimentellen Bedingungen eine Rolle zu spielen; eine in Rattenlebern durch Biotin hervorgerufene Anhäufung von Fett und Cholesterin wird durch myo-Inosit verhindert.

Für einige Hefen und Schimmelpilze ist myo-Inosit ein Wuchsstoff.

Beim Menschen wird die durchschnittliche Aufnahme von myo-Inosit mit der Nahrung auf 1 g/Tag geschätzt. Angaben über einen Bedarf lassen sich nicht machen.

## 4.2. Cholin

Cholin hat im Organismus im wesentlichen 3 Funktionen:
Baustein von Lecithin und Sphingomyelin,
Methylgruppen-Reservoir,
Bildung von Acetylcholin.

$$H_3C-\overset{\overset{\displaystyle CH_3}{|}}{\underset{\underset{\displaystyle CH_3}{|}}{N^\oplus}}-CH_2-CH_2-OH$$

Seine Diskussion als Vitamin steht in engem Zusammenhang mit seinen lipotropen Eigenschaften. Es kann unter bestimmten experimentellen Bedingungen im Tierversuch die Entwicklung einer Leberverfettung verhindern oder rückgängig machen. Solche Leberverfettungen kann man besonders bei jungen, wachsenden Ratten durch Verfüttern einer Cholin- und Methionin-armen Diät erzeugen. Sie können durch Cholin, aber auch durch Methionin wieder gebessert werden. Man stellt sich vor, daß bei Cholinmangel der Abtransport von Fett aus der Leber über Lecithin behindert ist. Tatsächlich lassen sich solche alimentär bedingten Fettlebern nur bei Tieren erzeugen, deren Leber Cholinoxidase enthält und deshalb Cholin laufend beseitigt. So kann bei exogenem Cholinmangel die endogene Synthese über Methylgruppen von Methionin (s. Abb. 12) den laufenden Abbau nicht mehr kompensieren.

Auch die menschliche Leber enthält Cholinoxidase. Die Ursachen für die Entstehung einer Fettleber beim Menschen sind aber so vielfältig und in der Regel völlig anders geartet als die experimentellen Bedingungen für die Erzeugung einer Fettleber im Tierversuch, daß man nicht erwarten kann, Cholin sei beim Menschen auch als lipotroper Faktor wirksam.

Zwischen Cholin und Methionin bestehen enge Wechselwirkungen. Die Ersetzbarkeit von Cholin durch Methionin ist dadurch zu erklären, daß Methionin (als S-Adenosylmethionin) Methyldonator für die Biosynthese von Cholin aus Äthanolamin ist, ebenso wie für die Synthese von Lecithin (Phosphatidylcholin) aus Colamin-Kephalin (Phosphatidyläthanolamin). Es wird also für die beiden Wege der Phosphatidsynthese benötigt. Cholin selbst ist kein Methylgruppendonator, kann aber über Betainaldehyd zu Betain oxidiert werden, welches Homocystein zu Methionin methylieren kann und beim weiteren Abbau zu Glycin Formaldehyd liefert, der in den $C_1$-Tetrahydrofolsäure-Pool eingehen und auf diesem Weg ebenfalls zur Methylierung von Homocystein dienen kann. Diese Zusammenhänge beim Methyltransfer zeigt Abb. 12.

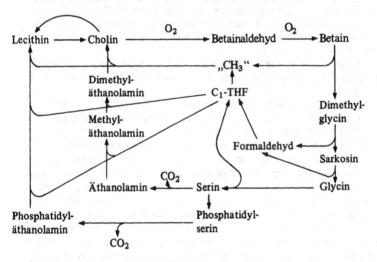

Abb. 12  Erläuterung im Text

Hier bedeutet „$CH_3$" Methylgruppen von S-Adenosylmethionin und „$C_1$-THF" Pool an Tetrahydrofolsäure-$C_1$-Derivaten. Zu den Vorgängen innerhalb dieses Pools und den Zusammenhängen mit anderen $C_1$-Transfer-Reaktionen siehe Kapitel Folsäure, Abb. 8 und Abb. 9.

Aus dem obigen Schema geht auch hervor, daß sowohl freies als auch Lecithin-gebundenes Cholin im Organismus synthetisiert werden kann.

Es ist verständlich, daß ein Cholinmangel dann erzeugt werden kann, wenn gleichzeitig andere Methyldonatoren, insbesondere Methionin, fehlen und damit die endogene Synthese limitiert wird. Umgekehrt erklären diese Zusammenhänge auch den positiven Wachstumseffekt, den Cholin ausübt, wenn es zusammen mit Homocystein bei einer methioninarmen Diät verfüttert wird.

Beim Menschen sind Symptome eines reinen Cholinmangels nie mit Sicherheit beobachtet worden. Ein exogener Bedarf läßt sich daher nicht angeben. Die Zufuhr an freiem und gebundenem Cholin bei üblicher Ernährung kann auf 1,5−4,0 g/Tag veranschlagt werden.

## 4.3.  Ubichinone.

Aus den Mitochondrien von Tieren, Mikroorganismen und Pflanzen wurden Chinone isoliert, die auf Grund ihres ubiquitären Vorkommens Ubichinone genannt wurden. In Anlehnung an die Nomenklatur der K-Vitamine wurden sie durch den Zusatz der Anzahl der C-Atome bzw. der Zahl der Isoprenreste in der Seitenkette näher gekennzeichnet. Verschiedentlich wurde auch noch die Nomenklatur der Ubichinone als Coenzym Q beibehalten. Für das Ubichinom mit 50 C-Atomen bzw. 10-Isoprenresten in der Seitenkette findet man daher auch heute noch nebeneinander die folgenden Bezeichnungen: Ubichinon-(50), Ubichinon-10 und Coenzym $Q_{10}$.

In den Organen der Säugetiere und Vögel ist Ubichinon-10 das am meisten vorkommende; daneben finden sich noch Ubichinon-9 und Ubichinon-8.

Die Ubichinone sind Glieder des Elektronen-Transportsystems in der Atmungskette der Mitochondrien. Ihre Stellung ist zwischen den Flavoproteinen und dem Cytochromsystem.

Der Gesamtbestand des Menschen an Ubichinonen beträgt etwa 0,5−1,5 g. Die tägliche Zufuhr mit der Nahrung ist bei 5−10 mg gelegen. In der Norm ist der Mensch unabhängig von der exogenen Zufuhr, da er genügend Ubichinone im eigenen Stoffwechsel synthetisieren kann. Ausgangsmaterial für die Biosynthese des Benzochinonanteils der Ubichinone sind Phenylalanin bzw. Tyrosin. Die isoprenoide Seitenkette wird nach dem allgemeinen Syntheseweg isoprenoider Substanzen über Mevalonsäure gebildet. Der erste Präcursor, der sowohl den Benzolring als auch die isoprenoide Seitenkette enthält, ist 2-Decaprenylphenol, das dann über Demethoxyubichinon in Ubichinon übergeführt wird.

Die Ubichinone werden vom Organismus analog wie die Phyllochinone (Vitamin K) durch $\omega$-Oxydation der isoprenoiden Seitenkette und nachfolgende $\beta$-Oxydation abgebaut. Die entstehenden Metabolite werden als Glucuronide im Harn ausgeschieden. Die dem „Simon-Metaboliten" des Tocopherol analoge Substanz ist − wie auch bei dem Vitamin K − ein Artefakt infolge der Bildung eines $\gamma$-Lacton bei der Säurehydrolyse der Glucuronide.

Unter Umständen kann die Ubichinonsynthese nicht mehr ausreichend sein, um den Bedarf zu decken. Dann muß das Ubichinon alimentär zugeführt werden und nimmt den Charakter eines Vitamin an. Ursache können eine vermehrte Zerstörung der Ubichinone durch eine gesteigerte Lipidperoxydation in vivo sein, ferner ein alimentärer Mangel an Phenylalanin, möglicherweise auch ein Mangel an den bei der Bio-

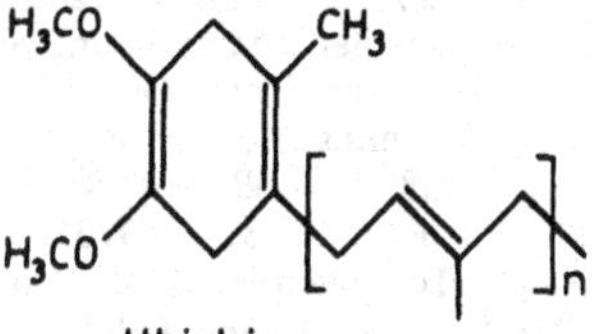

Ubichinone

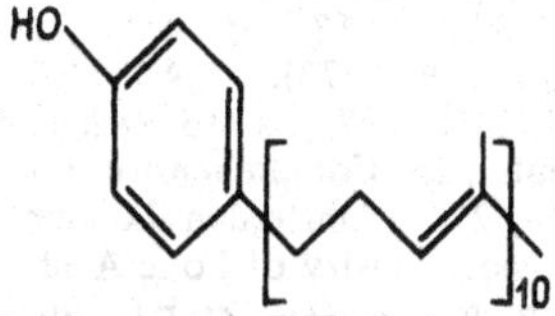

2-Decaprenylphenol

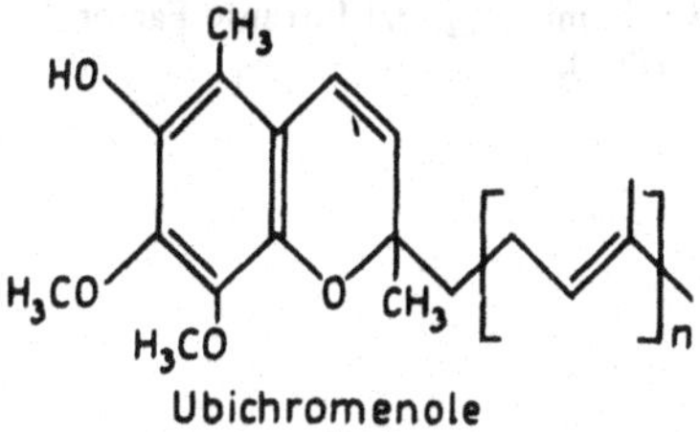

Ubichromenole

synthese der Ubichinone beteiligten Vitaminen (Niacin, Pyridoxin, Pantothensäure, Folsäure, Vitamin $B_{12}$). Reine Ubichinonmangelzustände sind beim Menschen bisher noch nie mit Sicherheit nachgewiesen worden. Bei Ratten wurde ein kombinierter Mangel an Ubichinon und Tocopherol erzeugt. Hauptsymptom war eine Abnahme der Aktivität der Schilddrüse. Neuerdings wurde diskutiert, ob bei der Hypertonie des Menschen und bei der experimentellen Hypertonie von Ratten ein Ubichinonmangel besteht, der sich durch Zufuhr der Substanz beheben läßt.

Neben den Ubichinonen kommen in den Zellen noch die isomeren Ubichromenole vor, und zwar in Konzentrationen, die etwas geringer als die der Ubichinone sind. Über die Funktion der Ubichromenole ist nichts bekannt.

81

*Literatur:*

1. *Strohhecker, R.* und *Henning, H. M.,* Vitaminbestimmungen (Weinheim/Bergstr. 1963). – 2.*Ammon, R.* und *Dirscherl, W.* (Hrsg.), Fermente, Hormone, Vitamine, Band III/1 Vitamine. (Stuttgart 1974). – 3. *Rohrlich, M.,* Brot, Backwaren und andere Getreideerzeugnisse. In: Ernährungslehre und Diätetik, Band III, Angewandte Ernährungslehre, S. 273. Hrsg. *H.-D. Cremer* und *D. Hötzel,* (Stuttgart 1974). – 4. *Lang, K.* Probleme der Vitaminierung von Brot. In: Brot und sein Nährwert, S. 19. Wiss. Veröff. der Dtsch. Ges. Ernährung, 10. (Darmstadt 1963). – 5. *Mannering, W.J.,* Vitamins and Hormones 7, 201 (1949). – 6. *Wald, C.,* Angew: Chemie 80, 857 (1968). – 7. *Botsch, W.,* Kosmos 1972. – 8. *Omdahl, L.J.* and *DeLuca, H.F.,* Physiol. Rev. 53, 327 (1973). – 9. *Brubacher, G.* und *Weiser, H.* in *Lang, K.* (Hrsg.), Tocopherole, Wiss. Veröff. Dtsch. Ges. Ernährung 16 (Darmstadt 1967). – 10. *Schwarz, K.* and *Foltz, C. M.,* J. Am. chem. Soc. 79, 3292 (1957). – 11. *Scott, M. L., DeLuca, H. F.* and *Suttie, J. W.,* The Fat Soluble Vitamins, S. 355. Madison (Milwaukee, London 1970). – 12. *Marks, J.,* Vitamins and Hormones 20, 573 (1962). – 13. *Alfin-Slater, R.B., Wells P.* and *Aftergood, L.,* J. Am. Oil Chem. Soc. 50, 479 (1973). – 14. *Shearer, M. J.* and *Barkhan, P.,* Biochim. Biophys. Acta 297, 300 (1973). – 15. *Ochoa, S.* and *Kaziro, Y.,* Carboxylases and the Role of Biotin. In: Comprehensive Biochemistry (Ed. *M. Florkin* and *E. H. Stotz*), Vol. 16, 210. (Amsterdam-London-New York 1965). – 16. *Blackley, R. L.,* The Biochemistry of Folic Acid and Related Pteridins. (Amsterdam-London 1969). – 17. *Butterworth, C. E.jr., Santini, R.* and *Frommeyer, W.B.*j. J. Clin. Invest. 42, 1929 (1964). – 18. *Santini, R., Brewster, C.* and *Butterworth, C. E.* jr.: Am. J. Clin.Nutr. 14, 205 (1964). – 19. *Heinrich, Ch.H.* und *Pfau, A.A.,* in: *H. C. Heinrich* Vitamin $B_{12}$ und Intrinsic Factor. 2. Europäisches Symposion, S. 351, (Stuttgart 1962).

# Sachregister